Zweifellos ist Rio de Janeiro eine der schönsten Städte auf unserem Planeten: beeindruckende Berge erheben sich aus dem Meer und formen eine Landschaft mit fantastischen Stränden, auf denen Tausende von Menschen ihren Körper und ihre Seele der Sonne anbieten, um die Probleme und Sorgen des Alltags wenigstens für kurze Zeit zu vergessen ...

Aber was hat Rio de Janeiro mit Origami zu tun? Besonders wenn man bedenkt, daß die Brasilianer vor allem durchs Fußballspielen und Sambatanzen berühmt wurden – zwei Phänomene, die hauptsächlich den Einsatz der Füße erfordern ... dann muß ich zugeben, daß Origami wenig Chancen hat, mit dieser Stadt in Verbindung gebracht zu werden.
Dennoch, in diesem Buch besteht diese Verbindung! Denn während ich dieses Buch zusammenstellte, habe ich mir viele Gedanken über Rio gemacht und hatte Sehnsucht nach der Stadt, in der ich viele Jahre meines Lebens verbracht habe.
In diesem Buch werde ich zwar keine berühmten Sambatänzer oder hochbezahlten Fußballspieler vorstellen, dafür aber einige Origami-Modelle, die ich kenne und mit Ihnen teilen möchte.

Über die Familie hinaus, wo Origami im Laufe der Jahrhunderte als spielerische Beschäftigung und Bastelei gepflegt wurde, bietet das Falten immer mehr Künstlern neue Techniken und Ausdrucksmöglichkeiten. In diesem Buch greife ich auf das Talent und die Phantasie dieser Künstler zurück, die in der ganzen Welt verstreut sind und präsentiere einige ihrer Modelle. Andere Modelle sind traditionell – ihre Schöpfer und ihr Ursprung lassen sich nicht mehr feststellen. Wieder andere Modelle sind meine eigenen Kreationen.
Mit Origami bereitet man immer und überall Freude – sich selber und anderen Menschen!

Das Stück Papier von seinem oberflächlichen Schicksal zu befreien und sich selber bei diesem Erlebnis zu entfalten – das ist das Schöne beim Origami. Ohne Hilfsmittel, nur mit der Geschicklichkeit der eigenen Hände, ein wenig Technik, Geduld und Phantasie ist es möglich, unendlich viele Figuren zu »modellieren«.
Origami ist ein hervorragendes Spiel, das den Einsatz von Kopf, Hand und Herz fördert. Origami bedeutet Sehen, Beobachten, Vergleichen, Fühlen, Verstehen, Verändern ...
Und das alles nie ohne Spaß am eigenen Tun, ohne die Freude an spielerischer Beschäftigung. Ich würde mich freuen, wenn Sie in diesem Buch einige Anregungen finden. Aber seien Sie vorsichtig! Lassen Sie sich von mir ja nicht täuschen. Was harmlos und banal wie Papierfalten erscheint, wird Sie manchmal gar nicht mehr loslassen ...
Doch es ist gut zu wissen, daß die Entscheidung immer in Ihren Händen liegt ...

Denken Sie also immer daran:
In guten Händen ist Origami eine Kunst!

Paulo Mulatinho

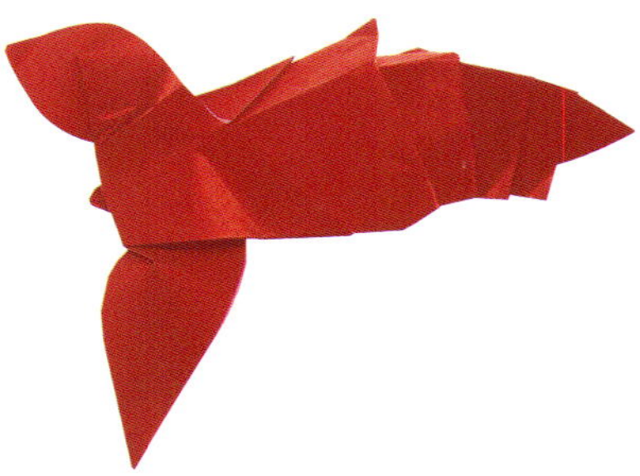

Paulo Mulatinho

Origami Neue Ideen

Mit Faltanleitungen

Augustus Verlag

Inhalt

Illustration:
Cláudio Oliveira

Was brauche ich fürs Origami?

Die Antwort ist leicht: nur Papier! – Papier gibt es überall, in verschiedensten Qualitäten und Größen. Geeignet ist alles, was gefällt und was sich falten läßt. Ob einfarbig oder bunt, ob dick oder dünn, ob glatt oder rauh, ob aufwendig oder einfach, ob groß oder klein – alle Faktoren hängen vom eigenen Geschmack und dem zu faltenden Modell ab. In Frage kommen Geschenkpapiere, Zeichenpapiere, Schreibpapier, Packpapier, Bastelpapier und vieles mehr.

Der Nachteil dieser Papiere ist allerdings, daß das Ausgangsformat für das Modell (meistens ein Quadrat, manchmal ein DIN-Format) erst zurechtgeschnitten werden muß. Wer sich diese Arbeit ersparen möchte, kauft am besten fertiges Origami-Papier. Dieses Papier ist schon quadratisch zugeschnitten und ist fürs Falten geeignet. Ein Päckchen Origami-Papier kann ich leicht überall mit hinnehmen und bin so immer »falt-bereit«.
Vielleicht hat Ihr Schreibwarenhändler oder Ihr Bastelgeschäft schon eine Auswahl vorrätig. Das wachsende Interesse an Origami hat sich auch in Deutschland spürbar auf das Angebot an Origami-Papier ausgewirkt.

Symbole

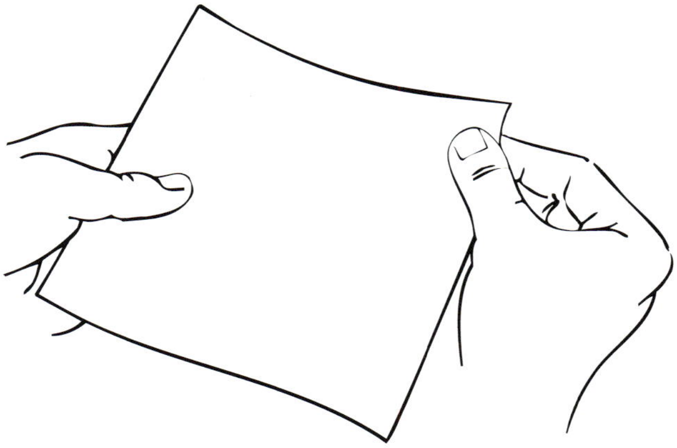

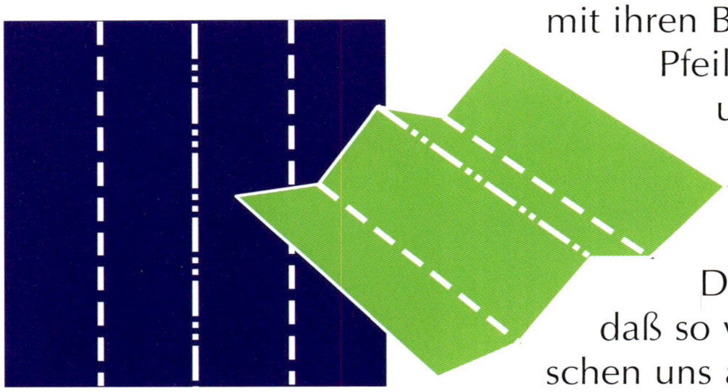

Die Origami-Anleitungen in diesem Buch bilden mit ihren Berg- und Talfalten und den verschiedenen Pfeiltypen eine Art »Sprache« zwischen Ihnen und mir: Sie möchten das gezeigte Modell nachfalten und ich möchte Ihnen dafür den Faltvorgang an Hand der Zeichnungen erklären. Da wir keinen »echten« Dialog führen können, bleibt die Hoffnung, daß so wenig Mißverständnisse wie möglich zwischen uns auftreten. Sollten aber welche auftauchen, so liegt der Fehler sicherlich bei mir. Ich weiß aber auch, daß eine Anleitung nicht für jeden Anwender perfekt sein kann.

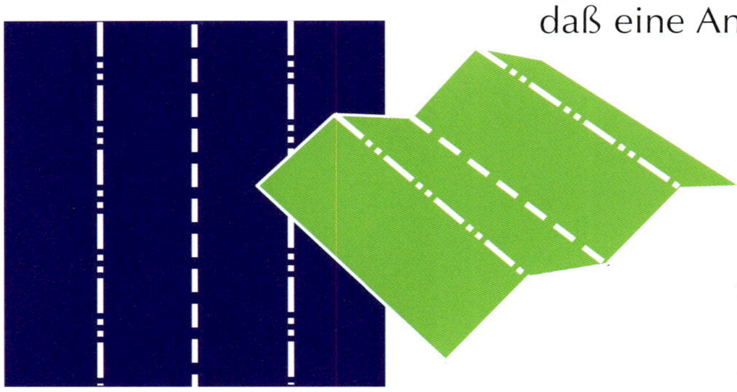

In den folgenden Anleitungen finden sich in Form von Zeichnungen alle notwendigen Informationen für das Falten eines Modelles. Linien und Pfeile bilden die Sprache dieser Anleitungen, jedes dieser Symbole, die international Anwendung finden, hat seine eigene Bedeutung und ist hier erklärt. In den Anleitungen selber habe ich einen erklärenden zusätzlichen Text nur an den Stellen eingefügt, wo ich es als hilfreich erachte oder auf mögliche Fehlerquellen hinweisen möchte.
Jeder einzelne Schritt zeigt, welche Faltung durchgeführt werden soll. Das Ergebnis dieser Faltung ist beim nächsten Schritt, in der darauffolgenden Zeichnung, wiedergegeben.

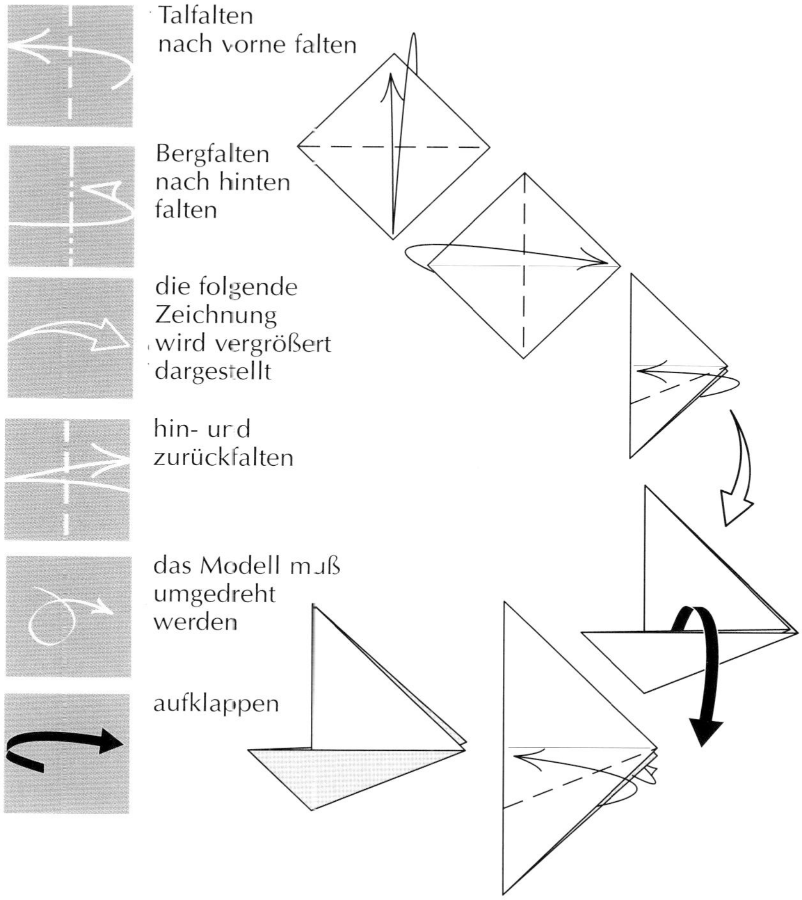

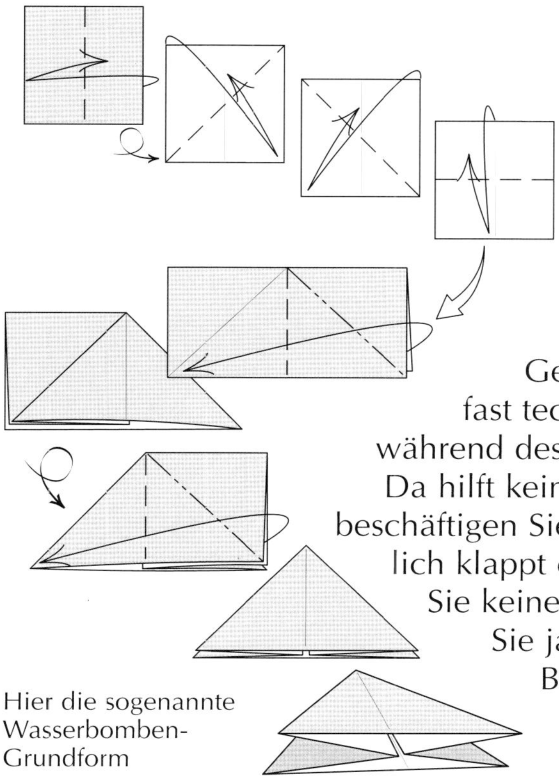

Hier die sogenannte Wasserbomben-Grundform

Gerade Anfänger, die noch nicht so vertraut sind mit den fast technisch wirkenden Zeichnungen, bleiben leicht einmal während des Faltvorgangs »hängen«, jeder an einer anderen Stelle. Da hilft kein Aspirin und kein Beten. Legen Sie die Arbeit beiseite, beschäftigen Sie sich zwischendurch mit etwas anderem, wahrscheinlich klappt es dann beim zweiten Versuch wie von alleine. Haben Sie keine Angst, Fehler zu machen. Vielleicht führen Ihre Fehler Sie ja auch zum Ziel. Wie bei einer Wegbeschreibung zum Bahnhof: Man kann abkürzen, sich verlaufen oder auch einen besonders schönen Weg finden…

Origami ◆ Geschichte ◆ Notizen

Angefangen hat alles im fernen China, als dort vor über 2000 Jahren das Papier erfunden wurde.
Man nimmt an, daß die Art und Weise, wie Wespen ihre Nester bauen – Holzfasern mit Speichel zu einem Brei vermischt – die ausschlaggebende Inspiration dafür war.
Den Chinesen gelang es, ihre Entdeckung bis zum Jahre 751 geheimzuhalten. In dem Jahr wurden chinesische Papiermacher von Arabern gefangengenommen, und so nahm die Verbreitung der Kunst des Papiermachens langsam ihren Lauf um die ganze Welt. Das Geheimnis wurde von Volk zu Volk weitergetragen und schließlich im Mittelalter durch Seefahrer nach Europa gebracht.

Natürlich wurde das Papier in erster Linie als Schriftträger gesehen und geschätzt. Aber ich kann mir gut vorstellen, daß das Papier erfunden wurde, um zu falten! Warum hätte man all diese schönen Papierbögen herstellen sollen: damit Gutenberg das erste Buch druckt… damit man Geld drucken kann… damit man Hamburger einwickeln kann…? Nein! Damit man Origami machen kann!!!
Deshalb auch haben die Japaner, lange Zeit bevor sie Tamagotchis erfunden haben, viele schöne Dinge aus Papier gefaltet. Zuerst ausschließlich für religiöse Anlässe, aber später falteten sie Tiere, Schachteln, verschiedenste Figuren und spielerische Modelle, um das Haus zu dekorieren und um die Kinder in den strengen Wintern zu beschäftigen. So wurden diese Figuren innerhalb der Familien gepflegt und von Generation zu Generation weitergetragen. Heute ist Origami untrennbar mit Japan und der japanischen Kultur verbunden!

Weit weg von Japan, im Thüringer Wâld, rief 1840 ein junger Pädagoge namens Friedrich Fröbel (1782–1852) eine spezielle Ausbildungsstätte für Kinder ins Leben, die er Kindergarten nannte. Eines der Mittel, die er einsetzte, um die Fähigkeiten der Kinder zu fördern, war das Papierfalten. Zahlreiche Figuren entstanden in dieser Zeit. Die meisten Modelle waren geometrischer Natur, um den Kindern ein Gefühl für Genauigkeit und Proportionen zu vermitteln. Aus dieser Zeit stammt auch »Himmel und Hölle«, was wohl jeder kennt.

Fröbels Kindergarten-Konzept wurde, nachdem es 1878 auf der Weltausstellung in Paris vorgestellt wurde, in der ganzen Welt übernommen – auch in Japan. Dadurch wurde das Papierfalten wiederbelebt und erfreut sich heute immer größerer Beliebtheit. Das japanische Wort Origami (Ori = falten und Kami = Papier) wird heute auf der ganzen Welt verstanden.

Daß Origami eine Beschäftigung nur für Kinder sei, ist ein Trugschluß, dem leider auch heute noch viele unterliegen. Studenten, Hausfrauen, Pädagogen, Architekten, Künstler und auch Wissenschaftler nutzen das Falten für persönliche und auch berufliche Zwecke.
Zwei internationale Kongresse über Origami in Wissenschaft und Technik (1989 und 1994) und über Origami in Erziehung und Therapie (1991 und 1995) haben der Öffentlichkeit die Bedeutung des Origami in diesen Bereichen beeindruckend demonstriert.

Die Geschichte der japanischen Stadt Hiroshima ist für immer mit der ersten Atombombe verbunden. Die Bombe wurde am 6. August 1945 um 8 Uhr 15 über der großen Stadt abgeworfen. Wenn man heute die Stadt besucht, kann man sich nicht vorstellen, wie schlimm die Verwüstungen waren. Erst die Dokumentation im Hiroshima Peace Memorial Museum läßt das Ausmaß erkennen. Im Friedenspark steht neben vielen anderen Mahnmalen auch ein Denkmal für das Mädchen Sadako Sasaki. Sie war beim Abwurf der Bombe zwei Jahre alt und überlebte. Zehn Jahre später erkrankte sie auf Grund der erlittenen Strahlung an Leukämie. Im Krankenhaus faltete sie Kraniche – Zuru –, denn einer japanischen Legende nach lebt der Kranich tausend Jahre.
Ein kranker Mensch wird wieder gesund, wenn er tausend Kraniche faltet, heißt es in Japan. Sadako starb im Krankenhaus, als sie gerade 644 Kraniche gefaltet hatte. Ihre Freunde und Schulkameraden falteten den Rest und die tausend Kraniche – Sembazuru – wurden Sadako mit ins Grab gelegt.

Das Denkmal wurde 1958 im Gedenken an alle durch die Bombe getöteten Kinder errichtet. Es zeigt Sadako, wie sie hoch über ihrem Kopf einen Kranich hält. Jeden Tag werden Tausende von Kranichen aus der ganzen Welt nach Hiroshma ge- schickt und dort unter dem Denkmal ausgebreitet. So wurde der gefaltete Kranich zum Symbol für Frieden und Hoffnung.

Nach dem Zweiten Weltkrieg beginnt eine neue Phase für das Origami – die Zeit der Vereine und der Organisationen. Initiiert wurde diese Entwicklung von Lillian Oppenheimer (1898–1992), die 1958 in New York das Origami Center of America gründete – heute Origami USA. In ihrem Center fanden Origami-Enthusiasten aus der ganzen Welt eine Anlaufstelle, um Modelle und Ideen auszutauschen und Bekanntschaften mit anderen Gleichgesinnten zu knüpfen.

Lillian Oppenheimer war im Jahre 1967 maßgeblich an der Gründung der British Origami Society beteiligt. Seitdem entstanden in zahlreichen Ländern Vereine, die durch ihre Aktivitäten dem Origami zu einer überwältigenden Popularität verhalfen. Das moderne Origami ist das Ergebnis zahlreicher Impulse und Richtungen, die durch lebhafte Beziehungen der Origami-Freunde weltweit gefördert und verbreitet werden. ■

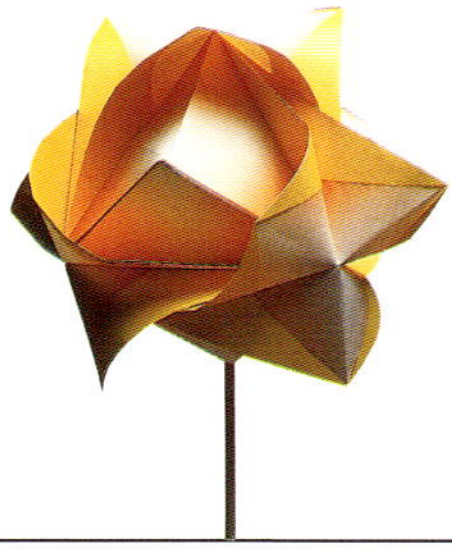

ORIGAMI IS FOR ANYONE, ANYWHERE, ANYTIME. *MICHAEL SHALL*

Einfaches und Erstaunliches

Mars-Männchen und UFO

PAULO MULATINHO

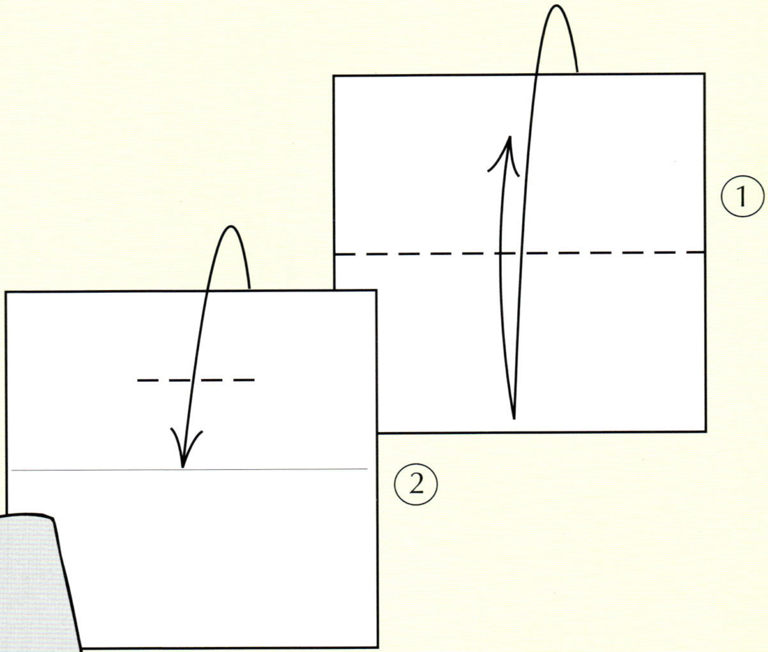

Am rechten Rand das Papier zusammendrücken ...

Wenn man kein doppelseitig gefärbtes Papier zur Hand hat, kann man auch zur farblichen Gestaltung zwei verschiedene Papiere übereinanderlegen.

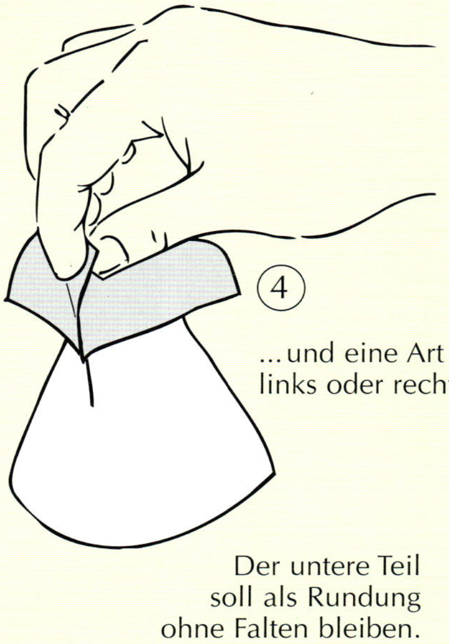

... und eine Art Nase nach links oder rechts falten.

Der untere Teil soll als Rundung ohne Falten bleiben.

1

2

3

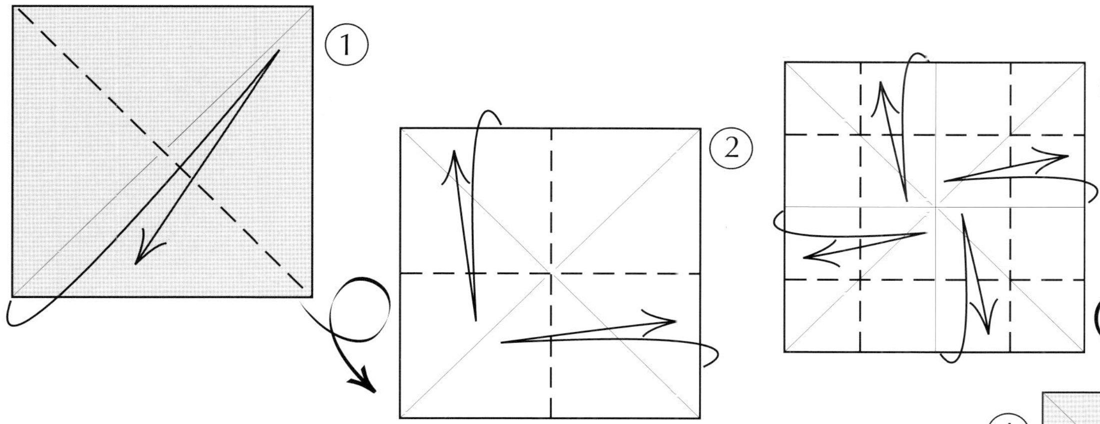

4

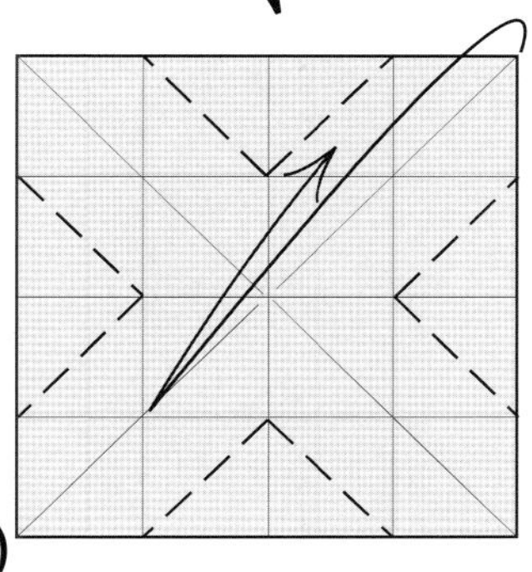

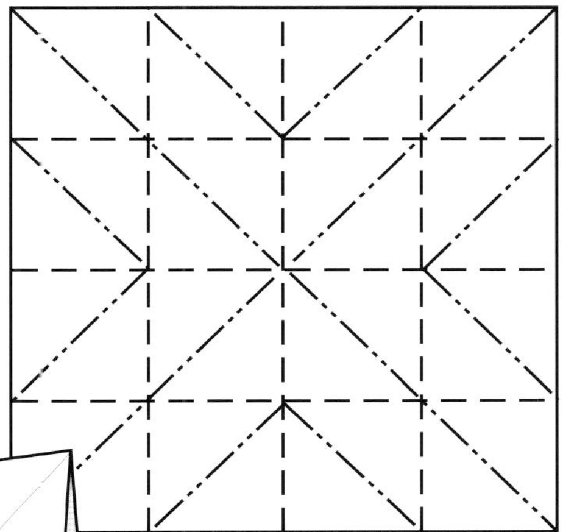

5

Wenn diese Linien scharf gefaltet sind, legt sich das Element fast von allein in die richtige Form.

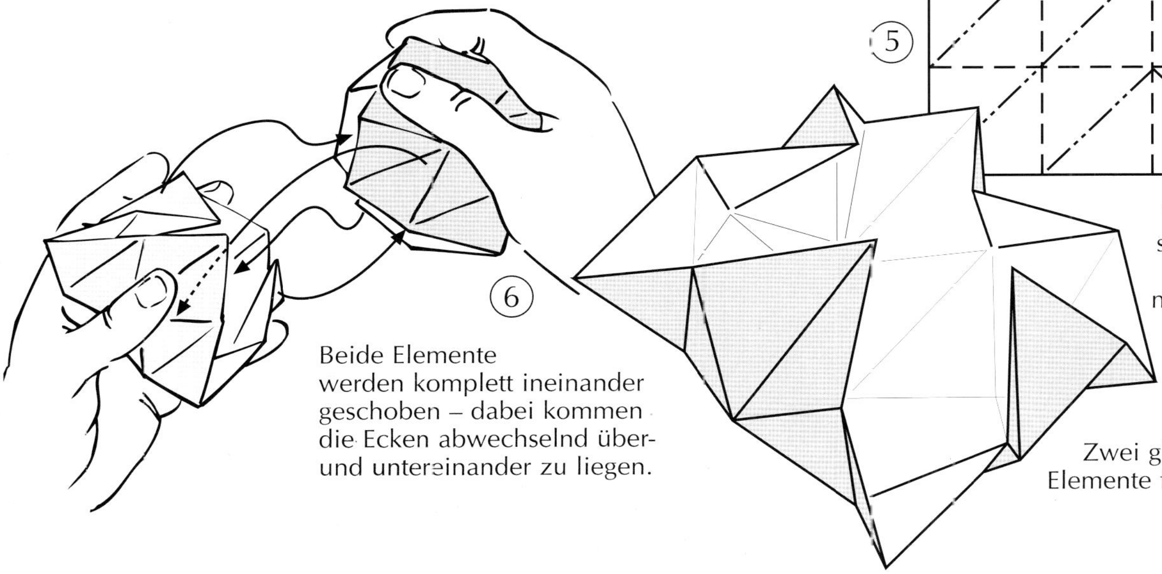

6

Beide Elemente werden komplett ineinander geschoben – dabei kommen die Ecken abwechselnd über- und untereinander zu liegen.

Zwei gleiche Elemente falten.

Schachtel

TRADITIONELL

DIN A4

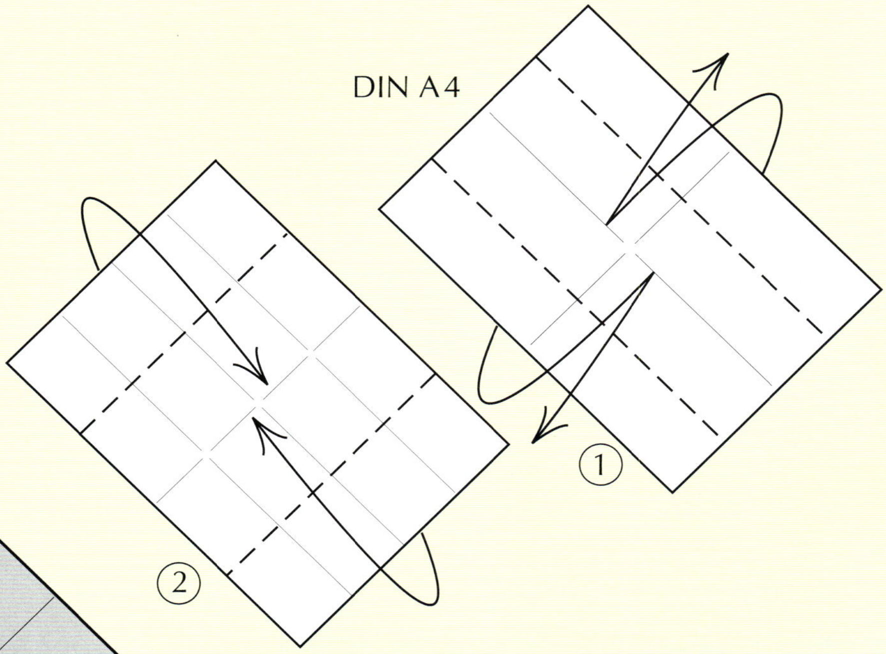

1

2

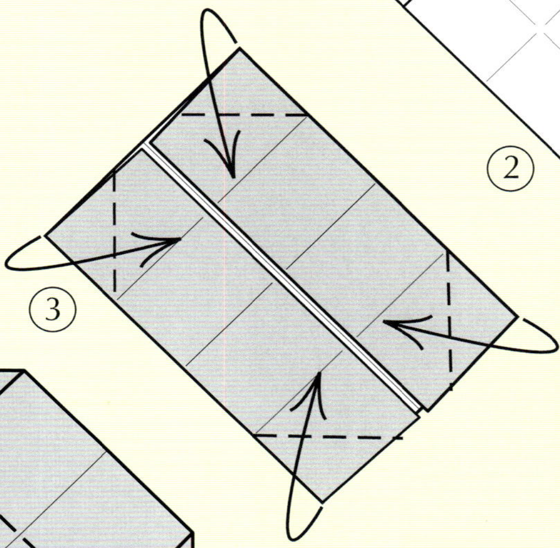

3

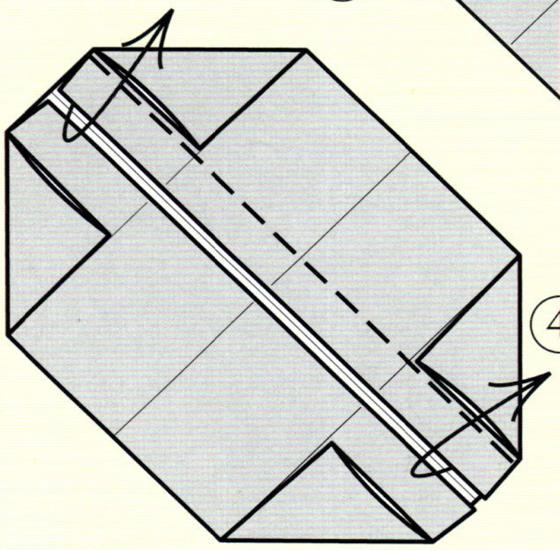

4

Auf der anderen Seite genauso falten.

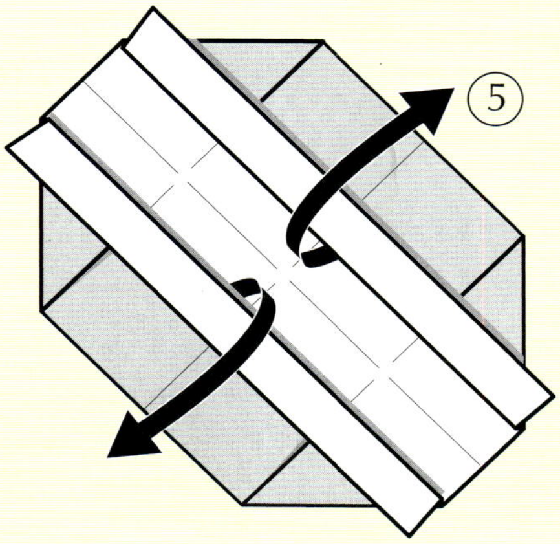

5

Öffnen …

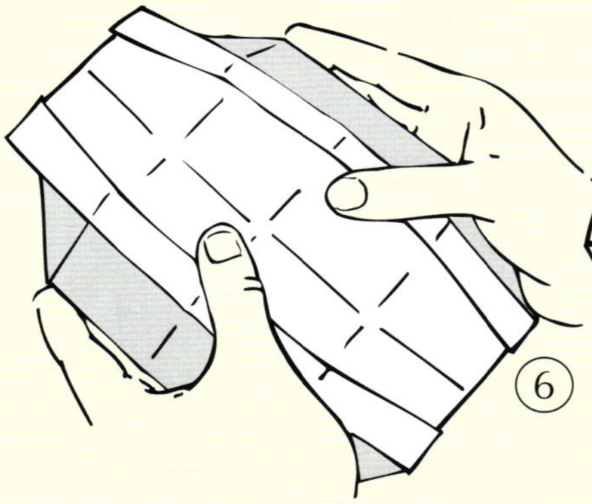

6

7

… und zum Schluß besonders die Ecken noch einmal scharf nachfalten.

Becher-Komposition

TRADITIONELL

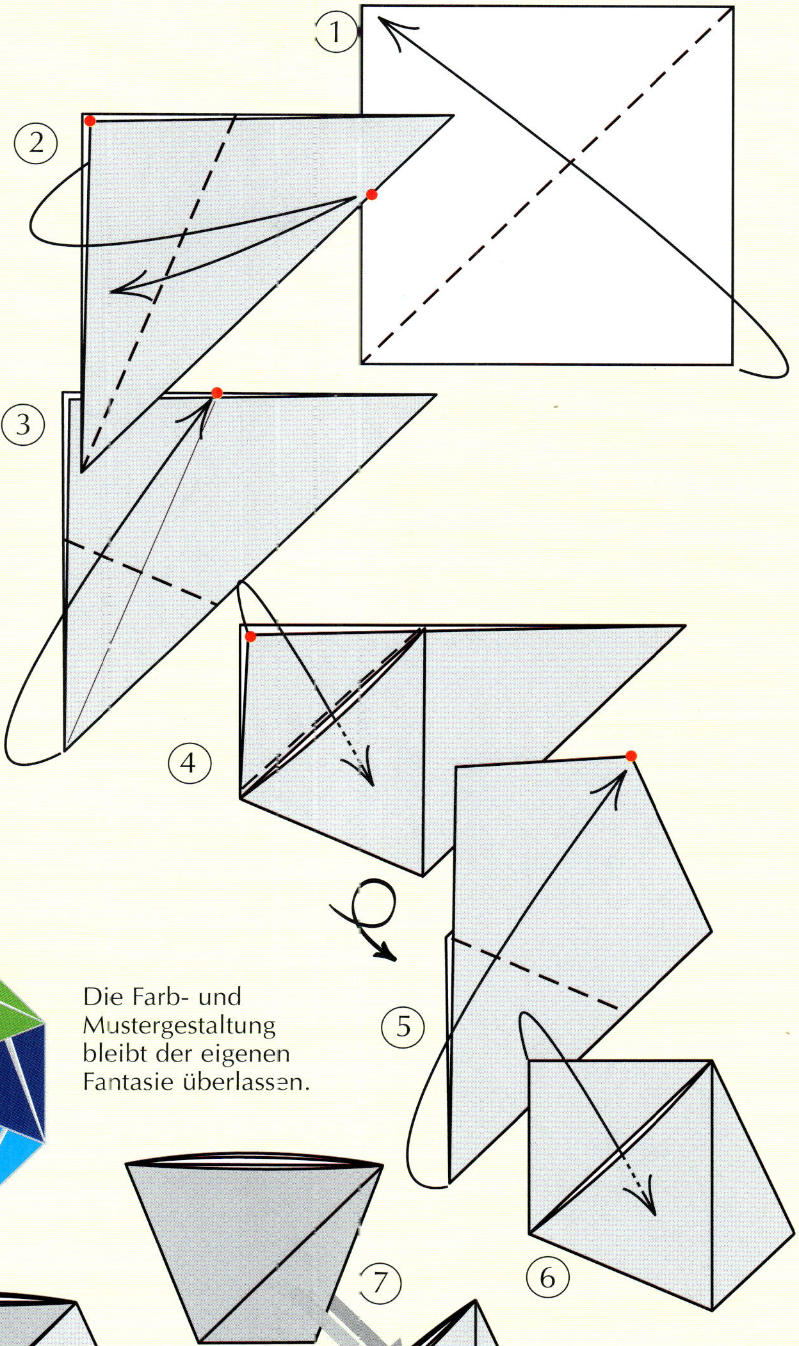

Die Farb- und Mustergestaltung bleibt der eigenen Fantasie überlassen.

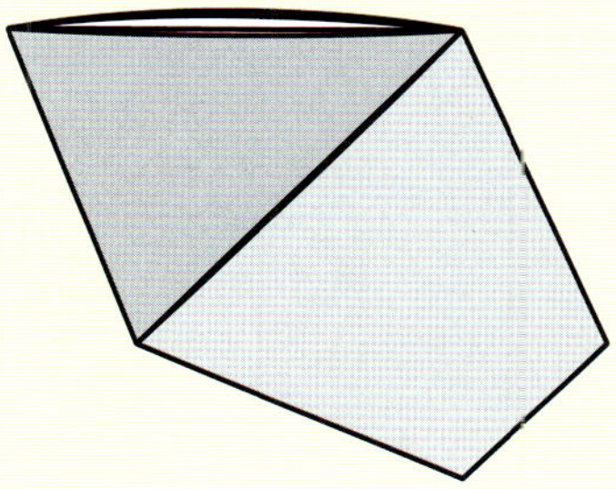

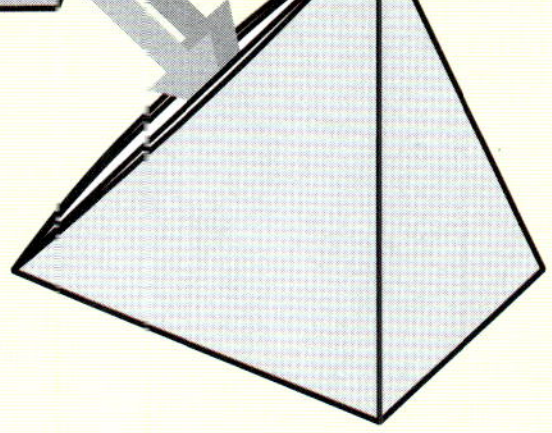

Für die Komposition acht gleiche Becher falten.

Dieser Becher ist tatsächlich zum Trinken. geeignet.

Flowerform

Nick Robinson

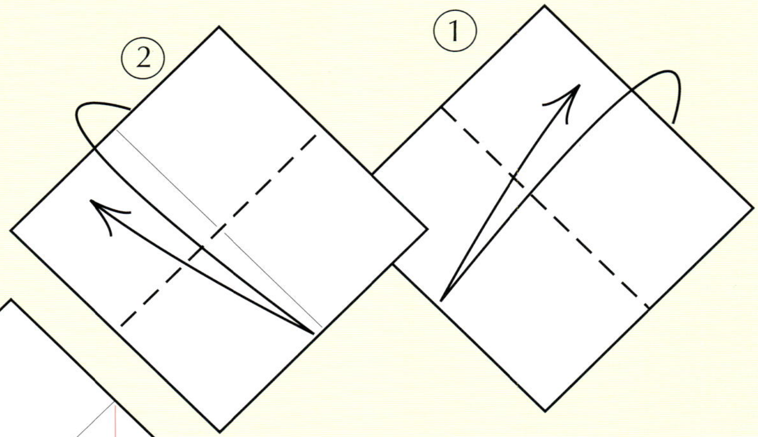

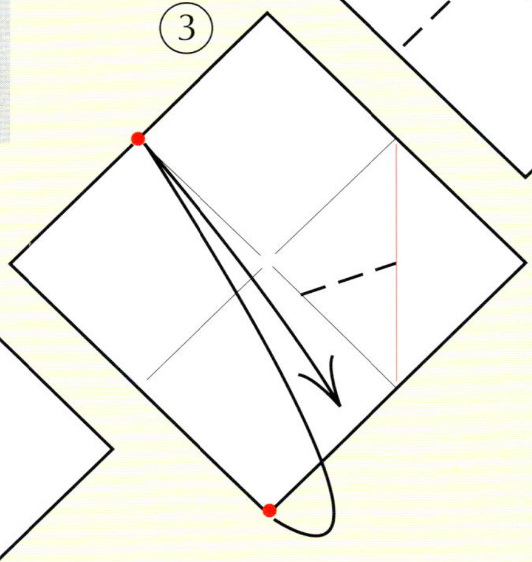

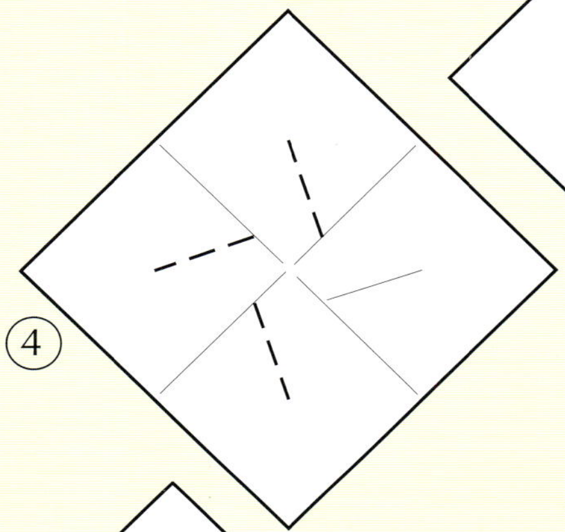

Michael Shall gewidmet.

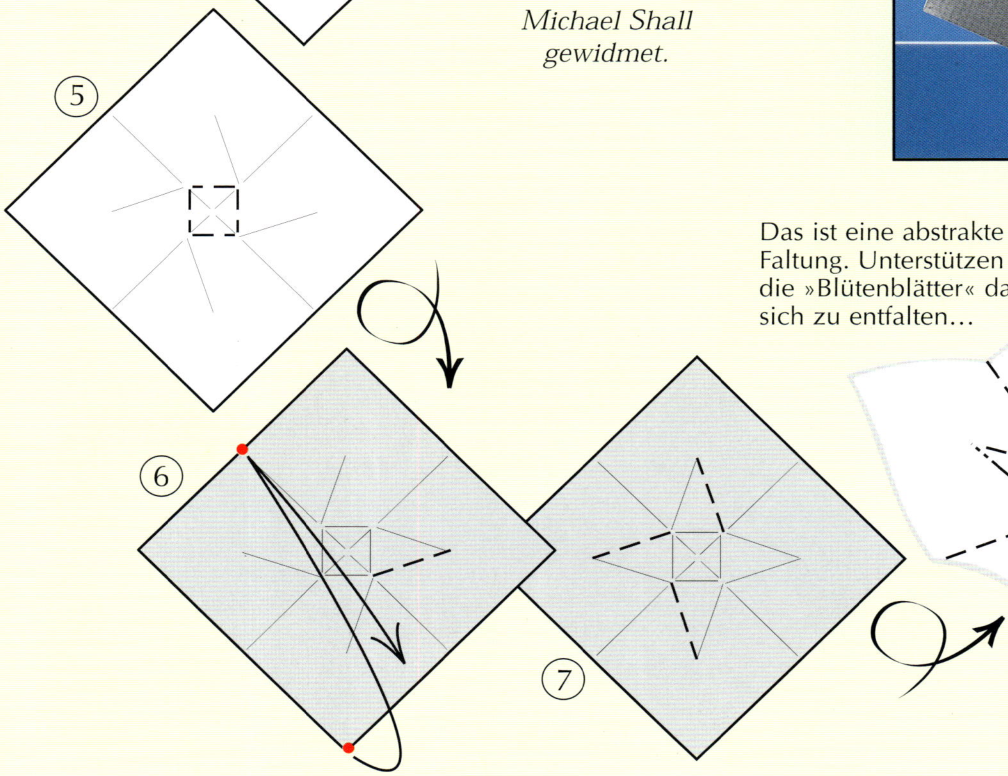

Das ist eine abstrakte Faltung. Unterstützen Sie die »Blütenblätter« dabei, sich zu entfalten…

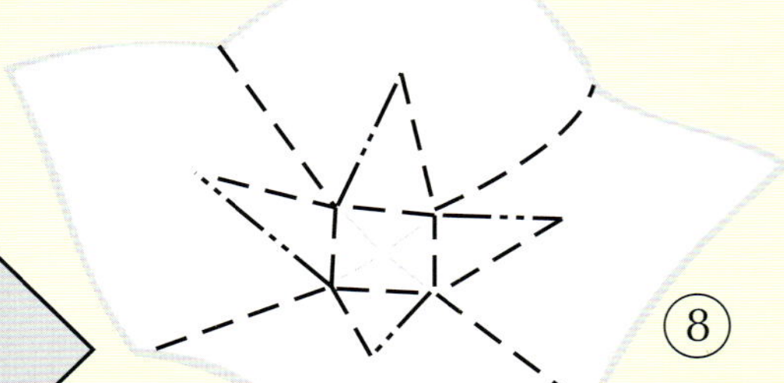

Bei diesem Faltvorgang vorsichtig drehen. Man braucht keine zusätzlichen Falten!

Zuckerhut

PAULO MULATINHO

Variante 1

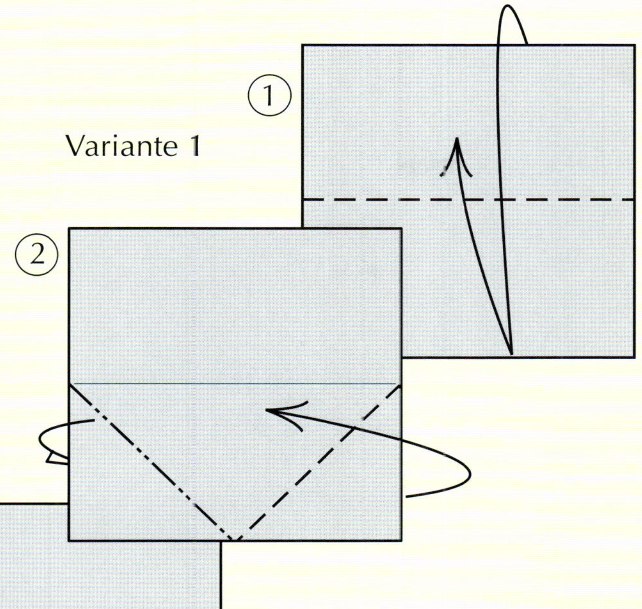

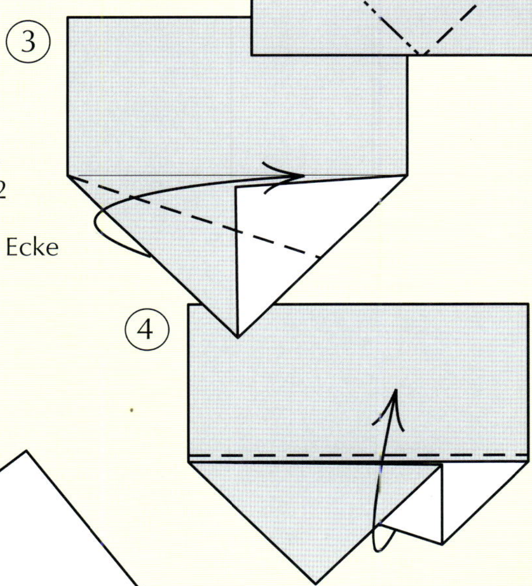

Die bei Schritt 2 nach hinten umgeschlagene Ecke nicht mitfalten!

Variante 2

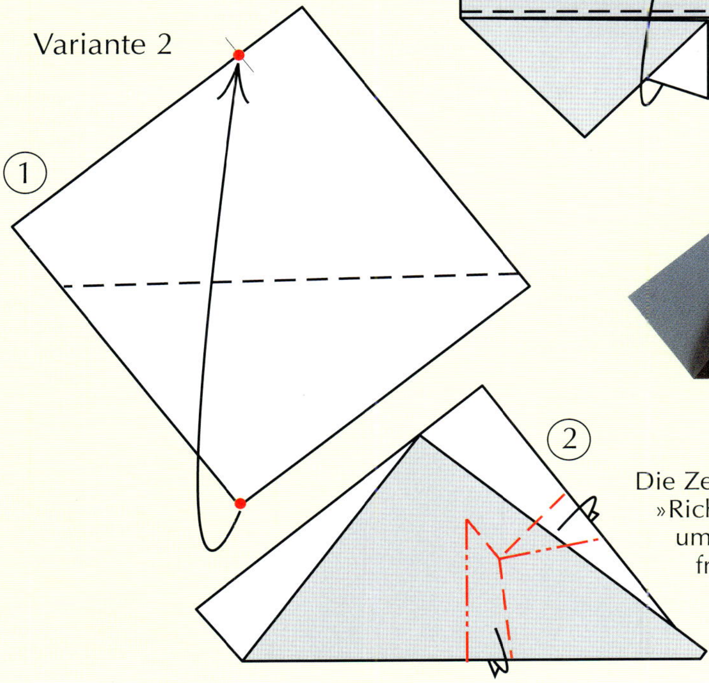

Die Zeichnung hier ist nur als »Richtlinie« zu sehen, weil es sich um ein Modell handelt, das aus freien Faltungen entsteht. Eventuell muß man mehrmals probieren, um zum gewünschten Ergebnis zu kommen.

Knoten

Paulo Mulatinho

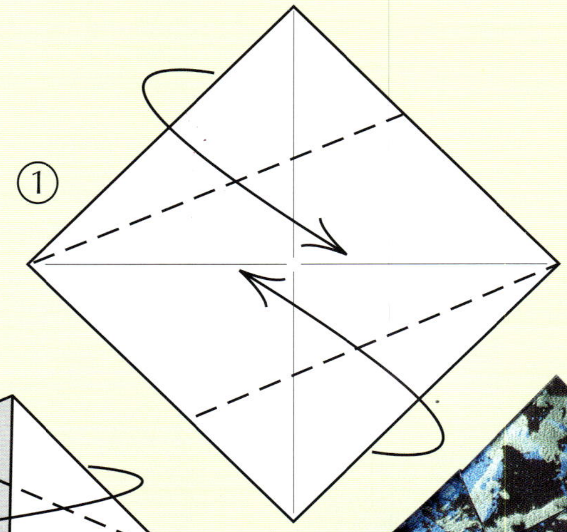

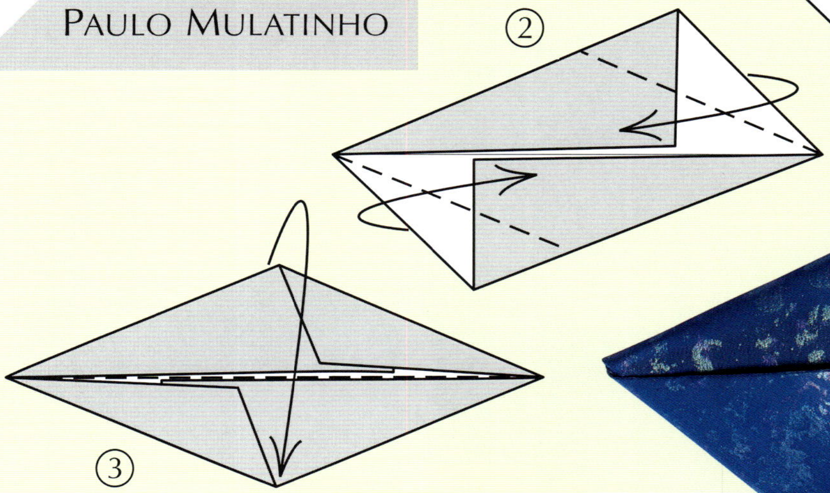

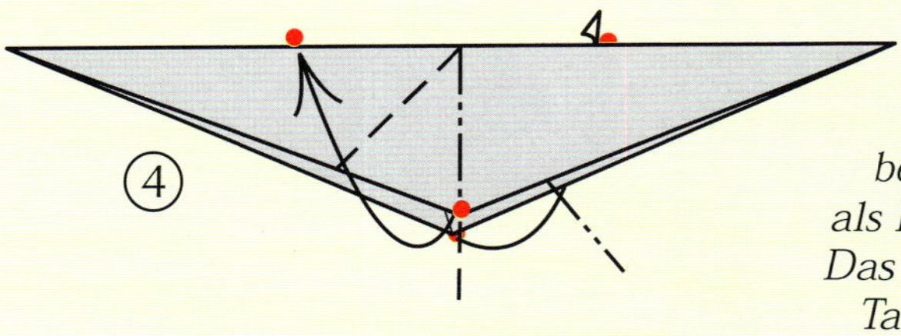

Diese Faltung wird gleichzeitig auch auf der Rückseite ausgeführt und bildet **einen** Faltschritt.

Geneviève de Gouvion St.Cyr benutzt diesen Knoten als Behältnis für Tabletten. Das ist eine charmante Art, Tabletten für unterwegs aufzubewahren.

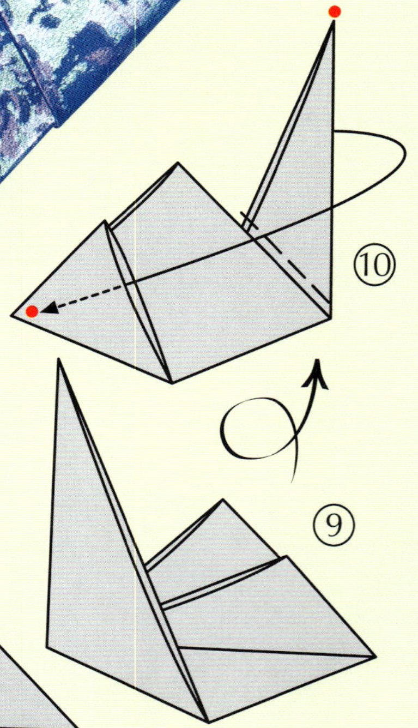

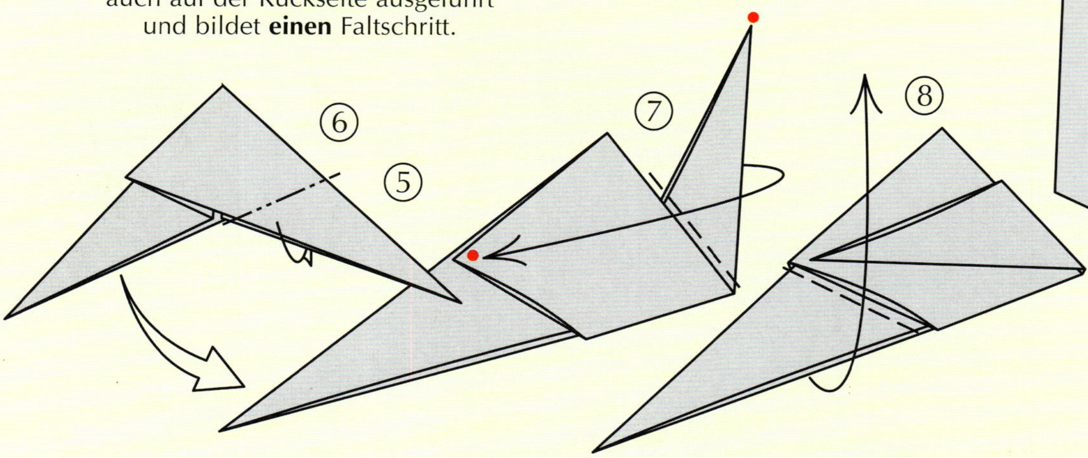

Aus der Natur

Igel

MARK BOLITHO

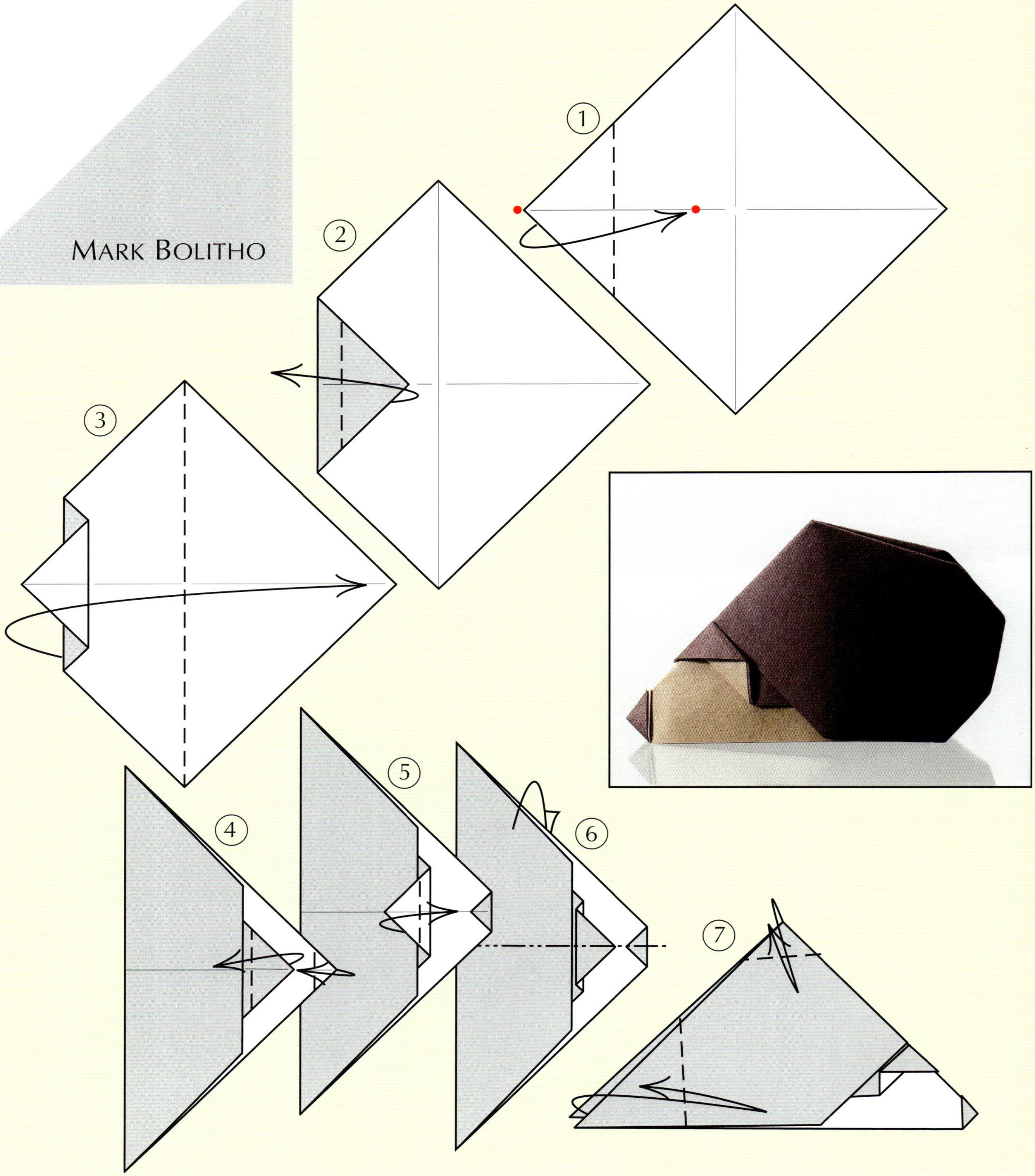

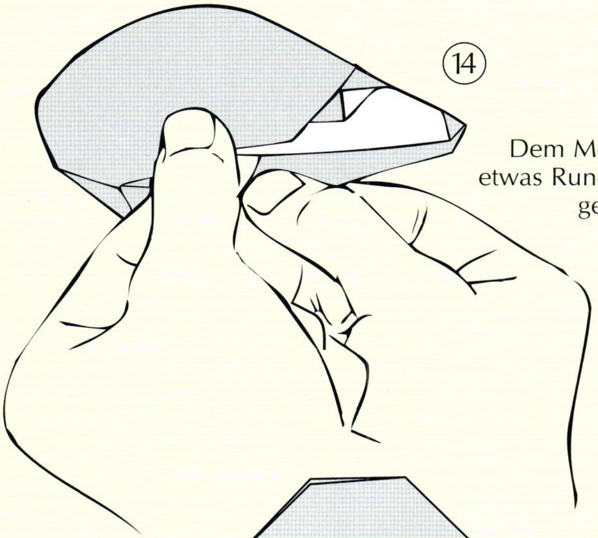

Dem Modell
etwas Rundung
geben.

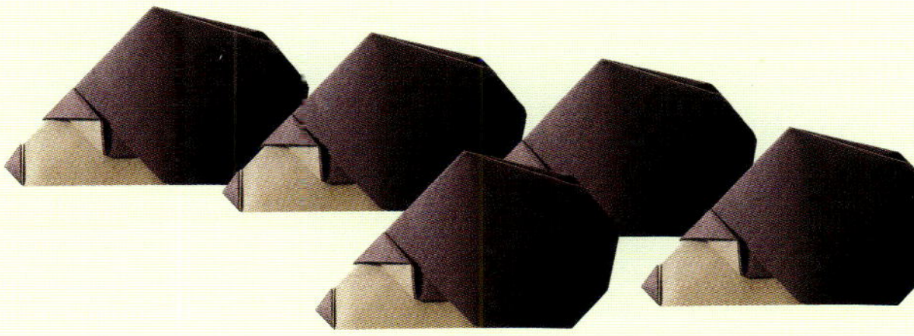

Die Ecke
nach innen
versenken.

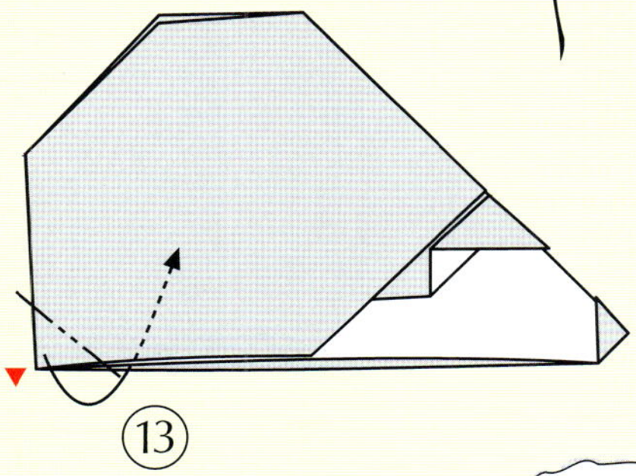

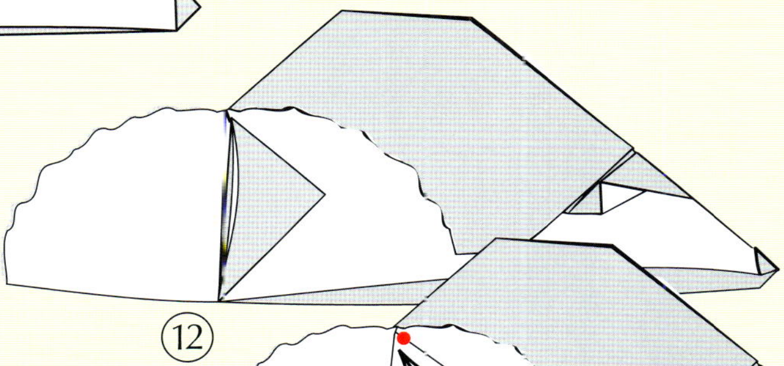

Das »Zerreißen« des Papiers
hier ist nur eine grafische
Hilfe, um den verdeckten
Faltvorgang sichtbar zu machen.

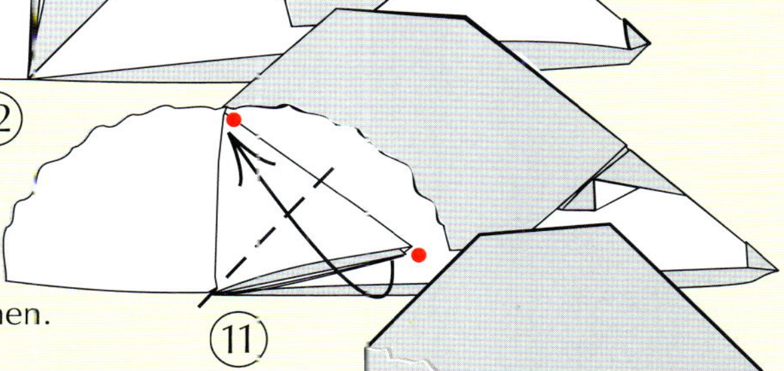

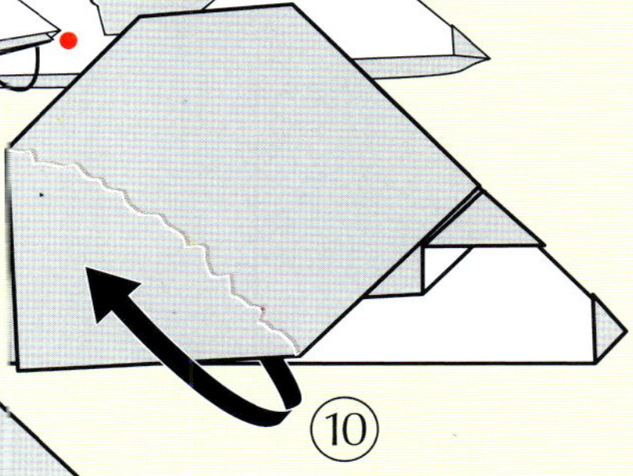

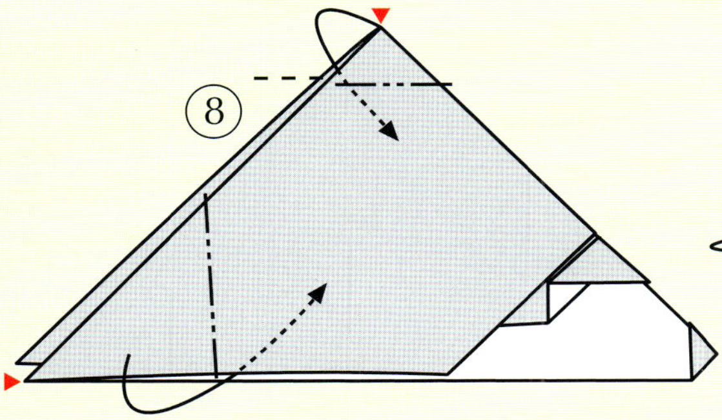

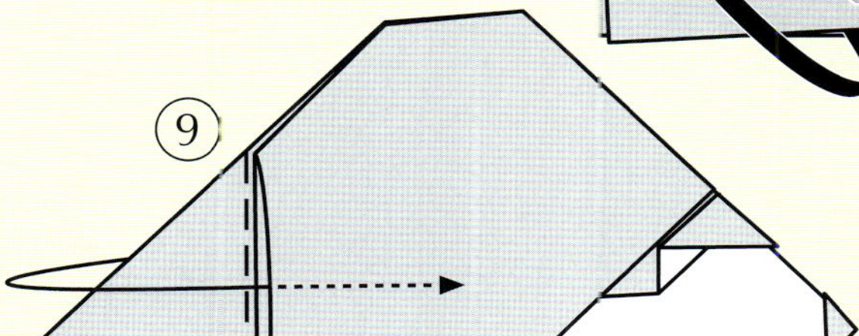

Pfau

PAULO MULATINHO

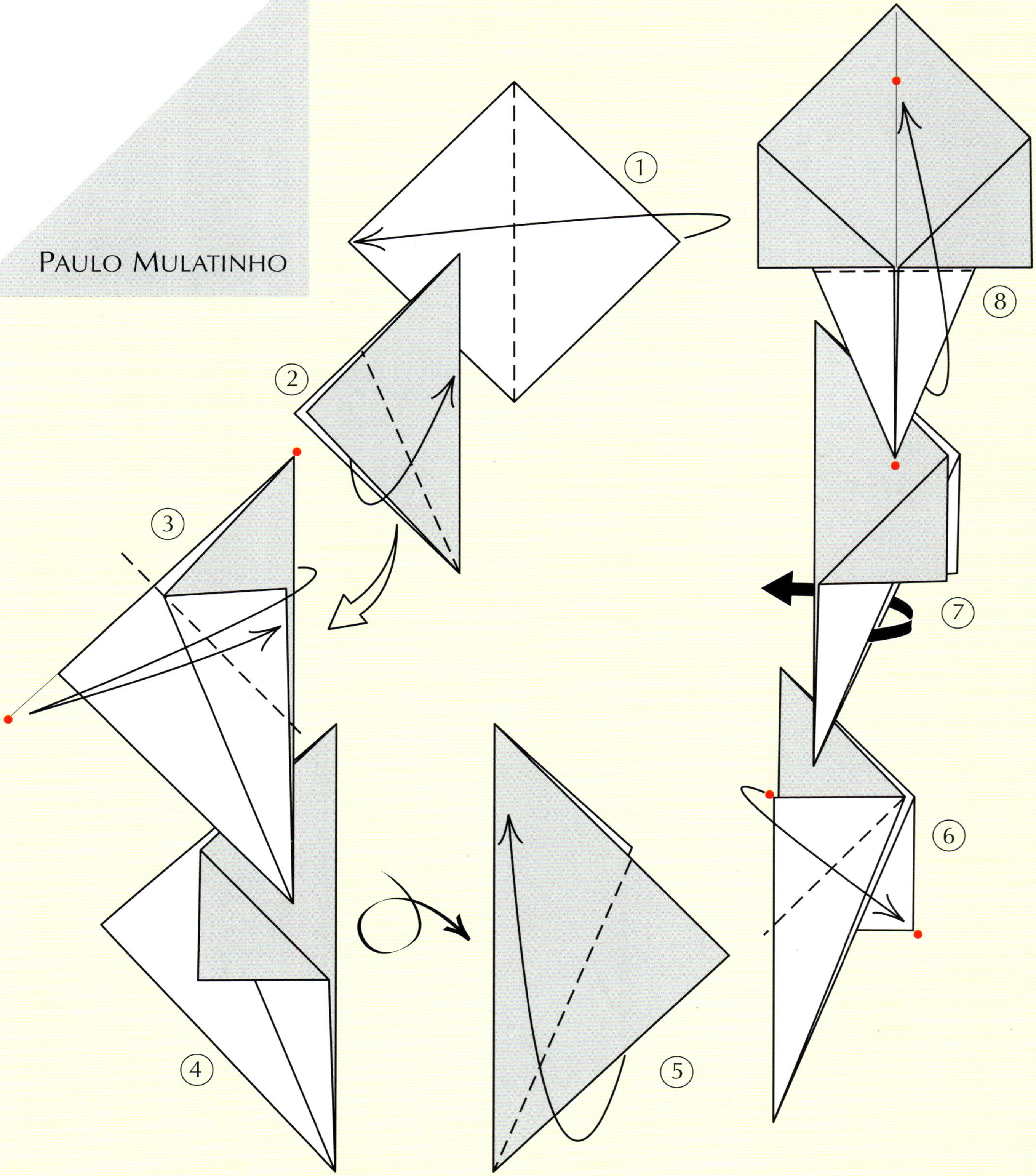

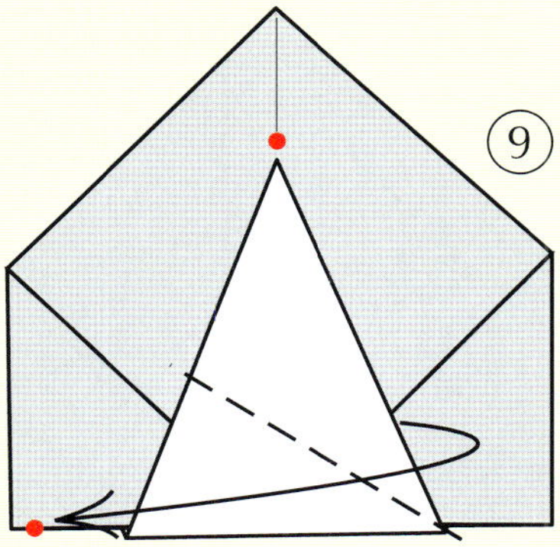

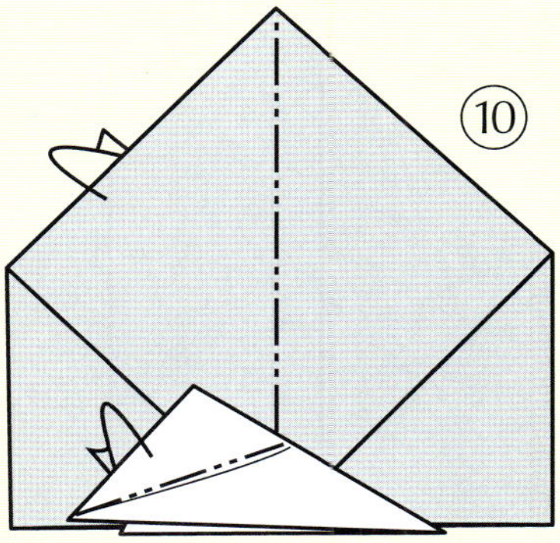

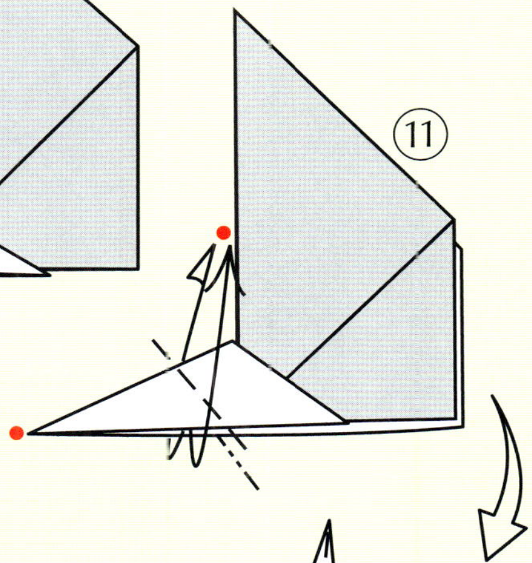

Auf der anderen Seite wiederholen.

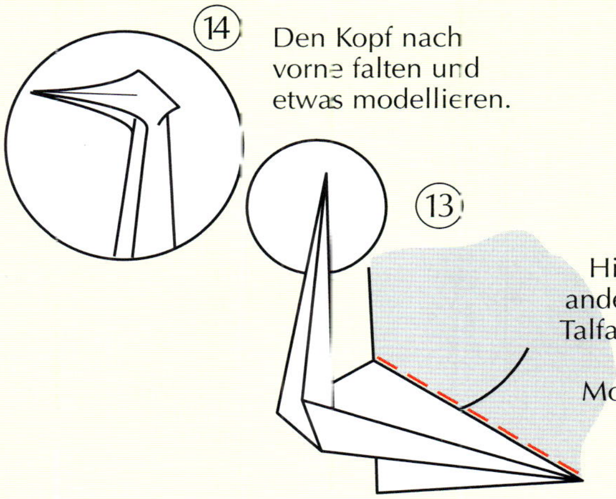

Den Kopf nach vorne falten und etwas modellieren.

Hier und auf der anderen Seite eine Talfalte andeuten – das gibt dem Modell Volumen.

Wellensittich

Traditionell

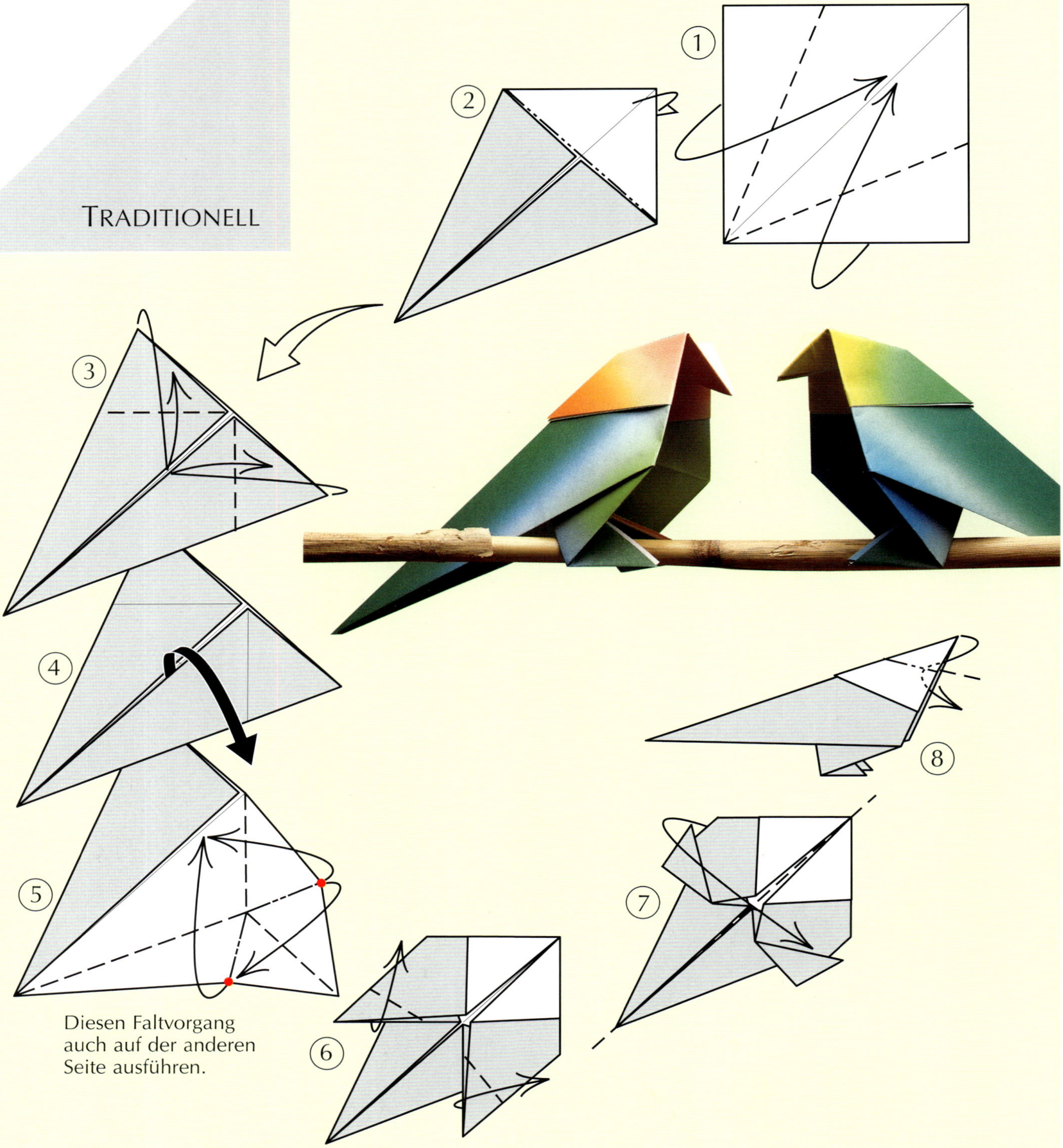

Diesen Faltvorgang
auch auf der anderen
Seite ausführen.

Falter

Paulo Mulatinho

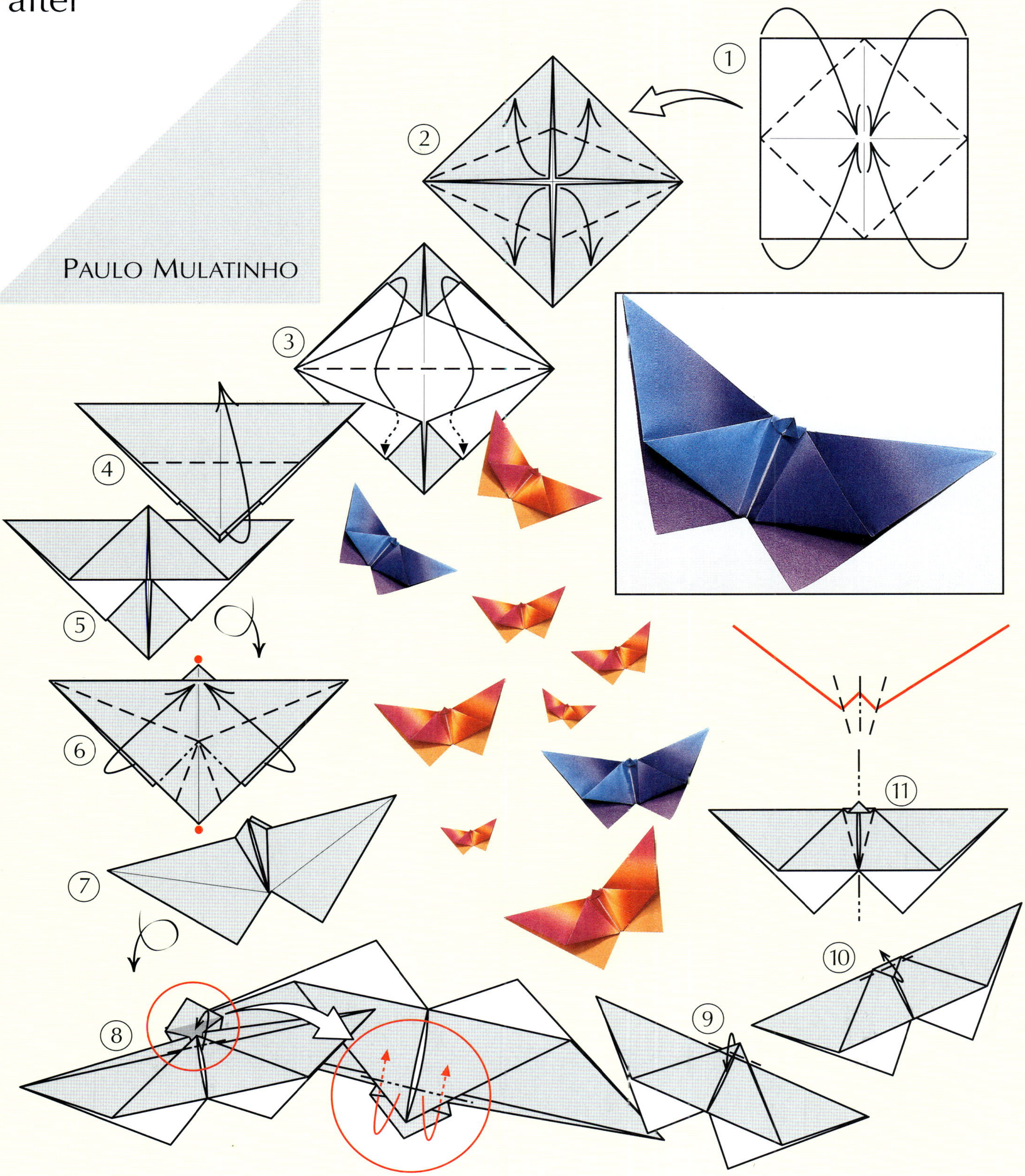

Krabbe

PETER PAUL FORCHER

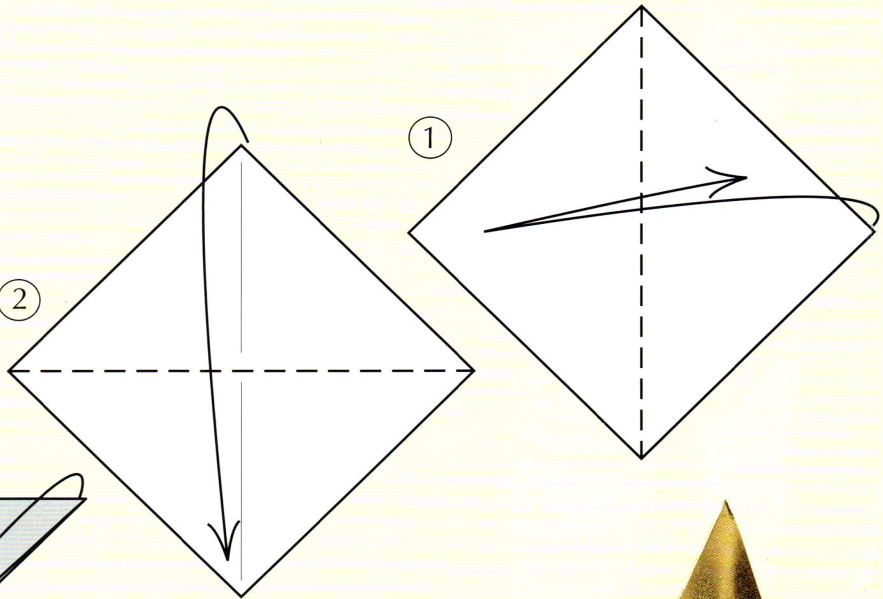

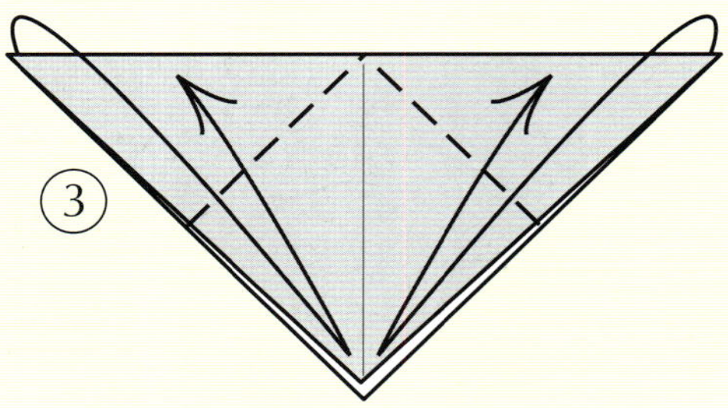

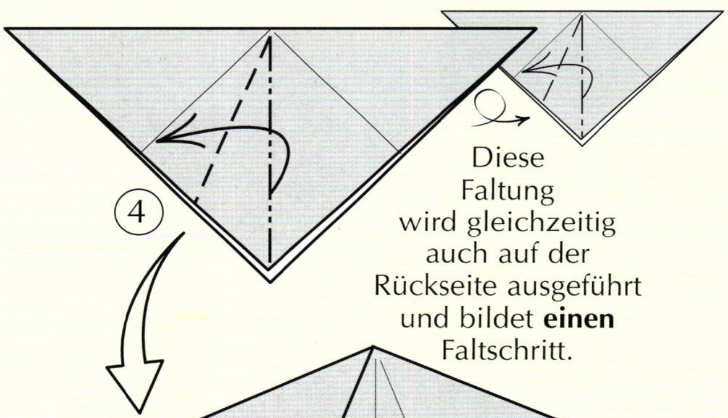

Diese Faltung wird gleichzeitig auch auf der Rückseite ausgeführt und bildet **einen** Faltschritt.

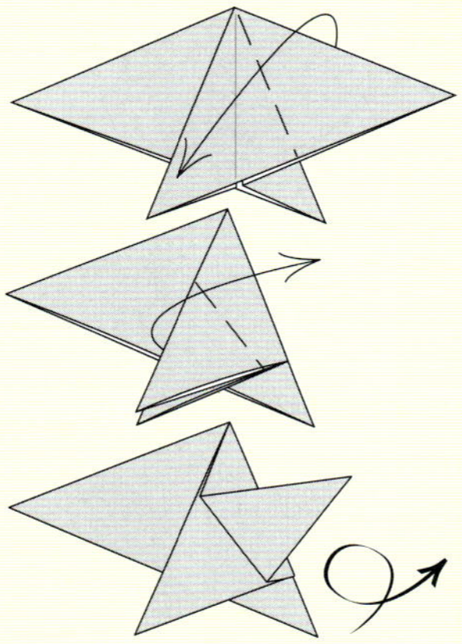

Hier wiederholen.

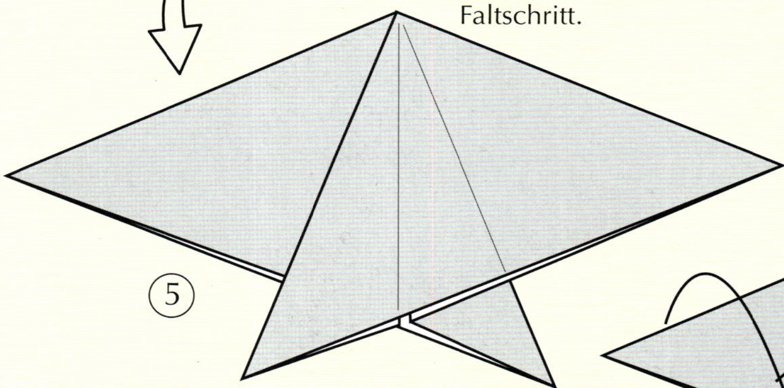

An Schritt 5 kann man an Stelle der Krabbe auch einen sehr überzeugenden fünfzackigen Stern herstellen. Zum Schluß etwas Form geben. Perfekt!

(Eric Kenneway zugeschrieben).

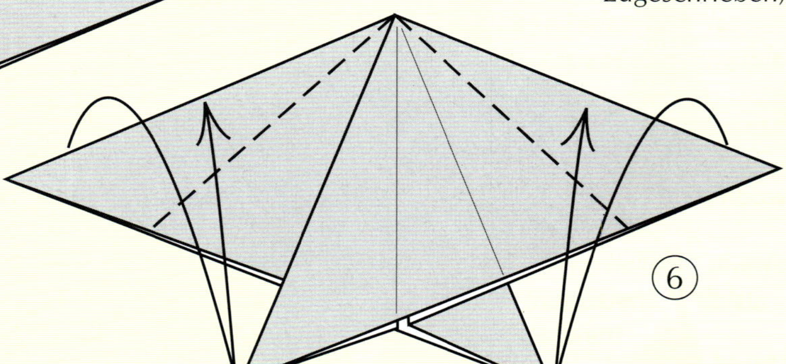

Bei Schritt 5 ein zusätzliches Papier in Drachenform einfügen, etwas formen – und schon hat man einen Hummer zum Abendessen!

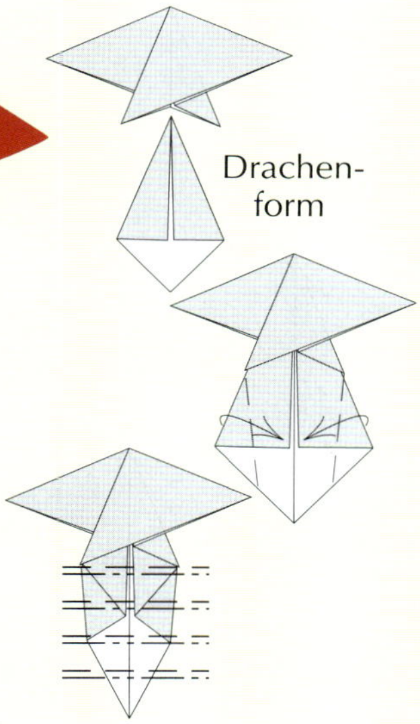

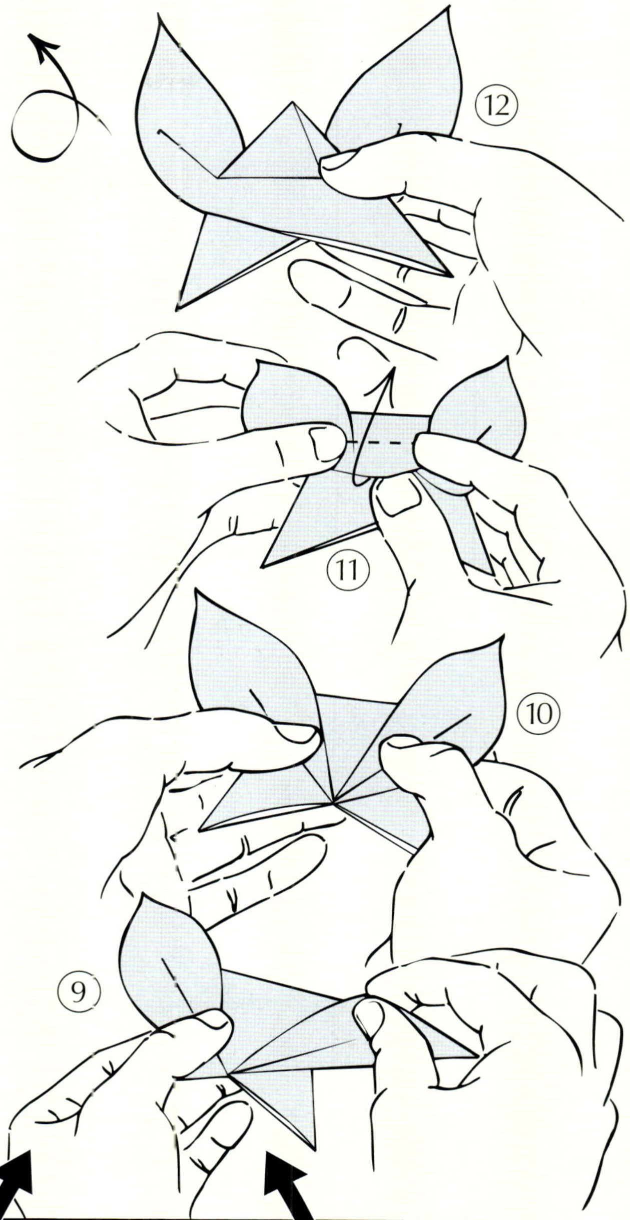

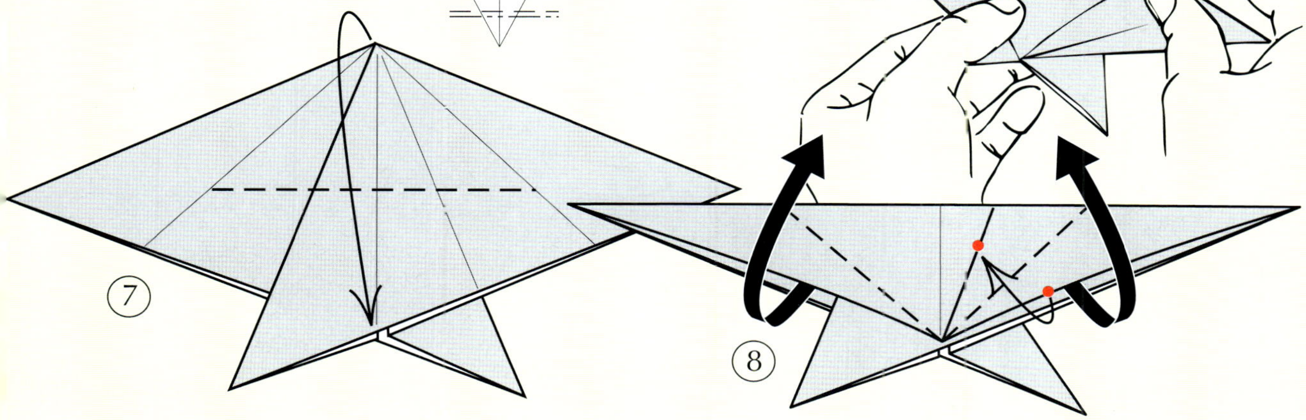

Karpfen

MARK BOLITHO

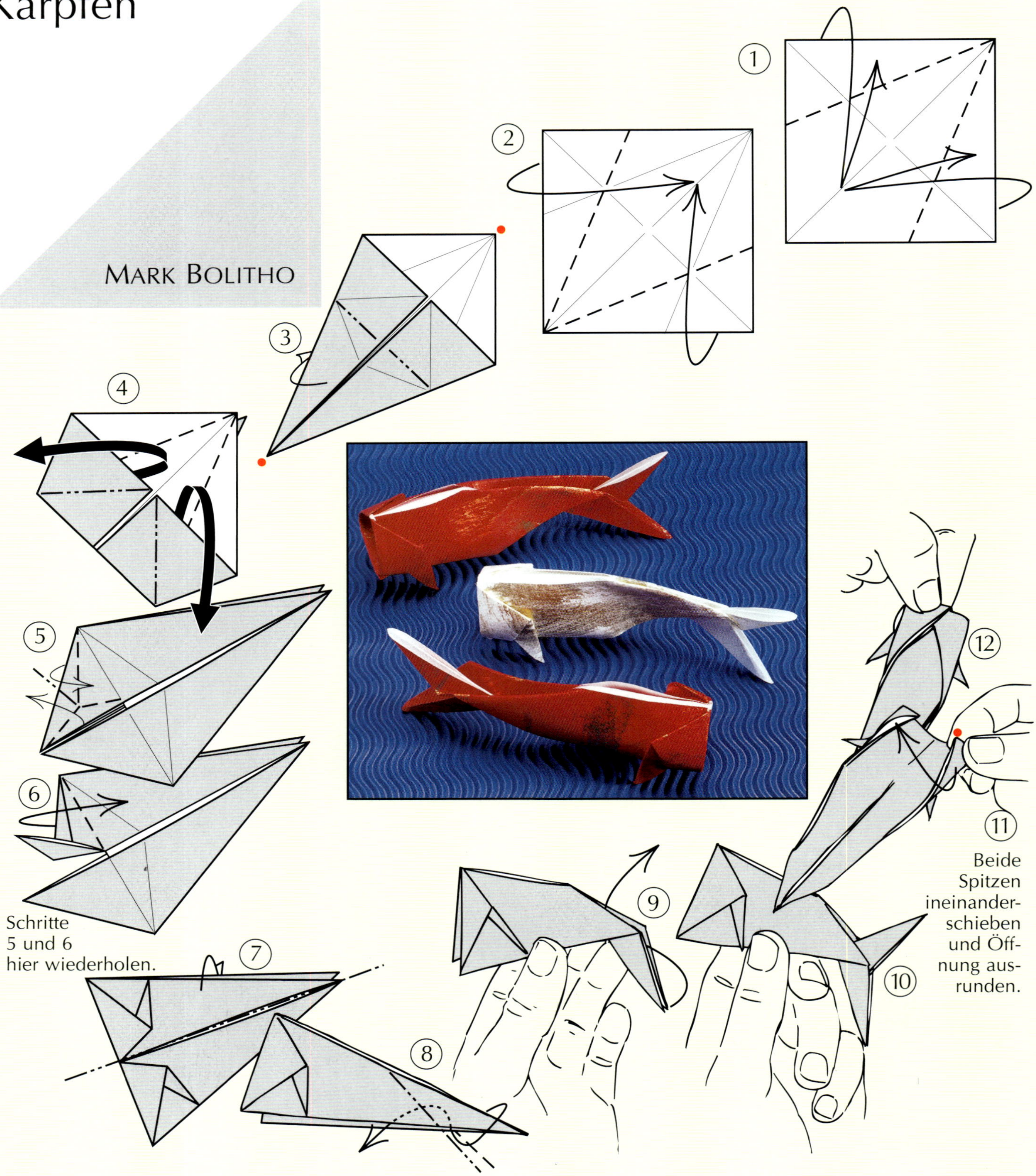

Fürs Büro und für zu Hause

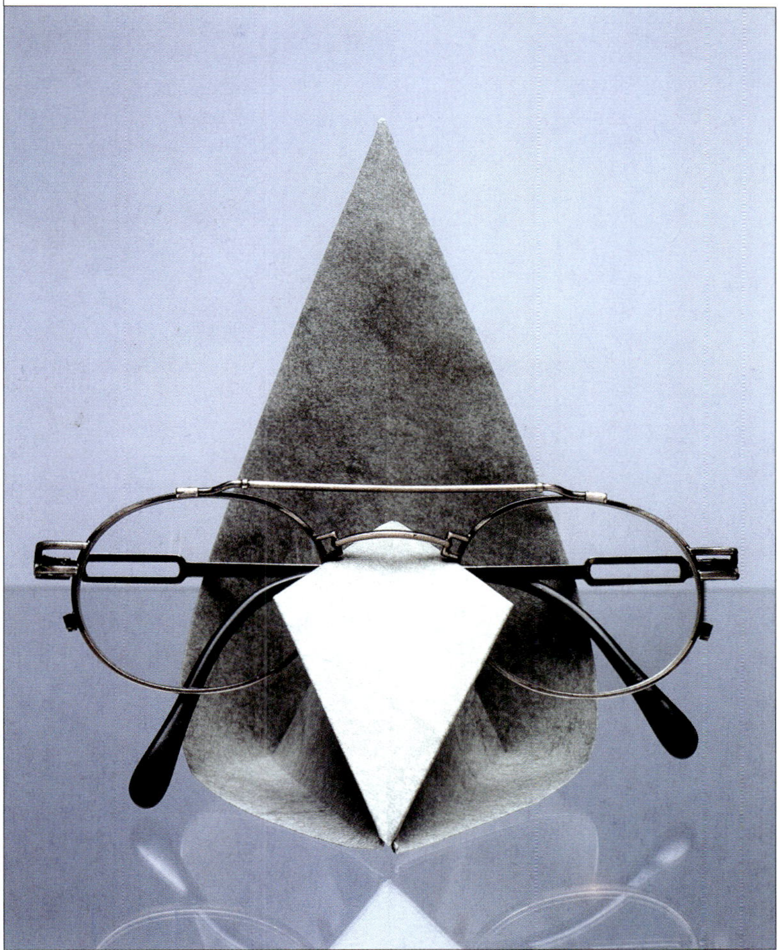

Winkel
45° und 60°

JOHN CUNLIFFE

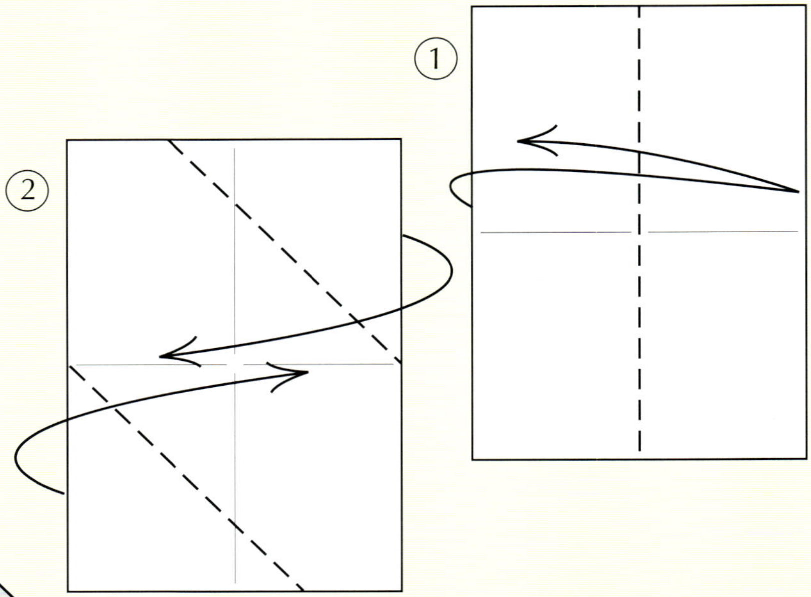

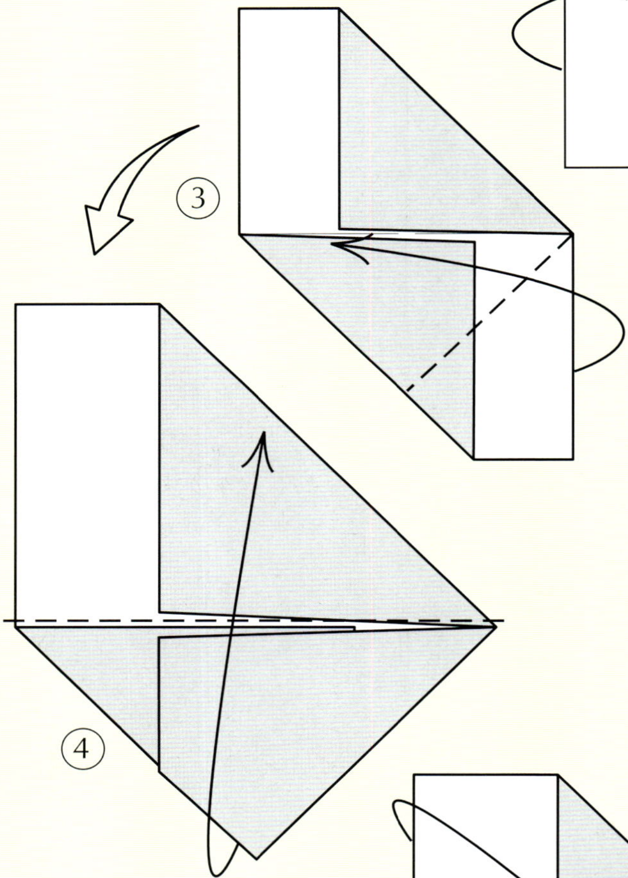

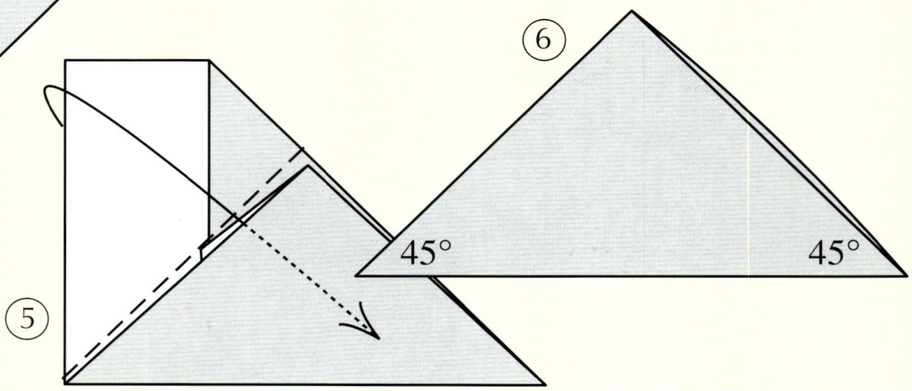

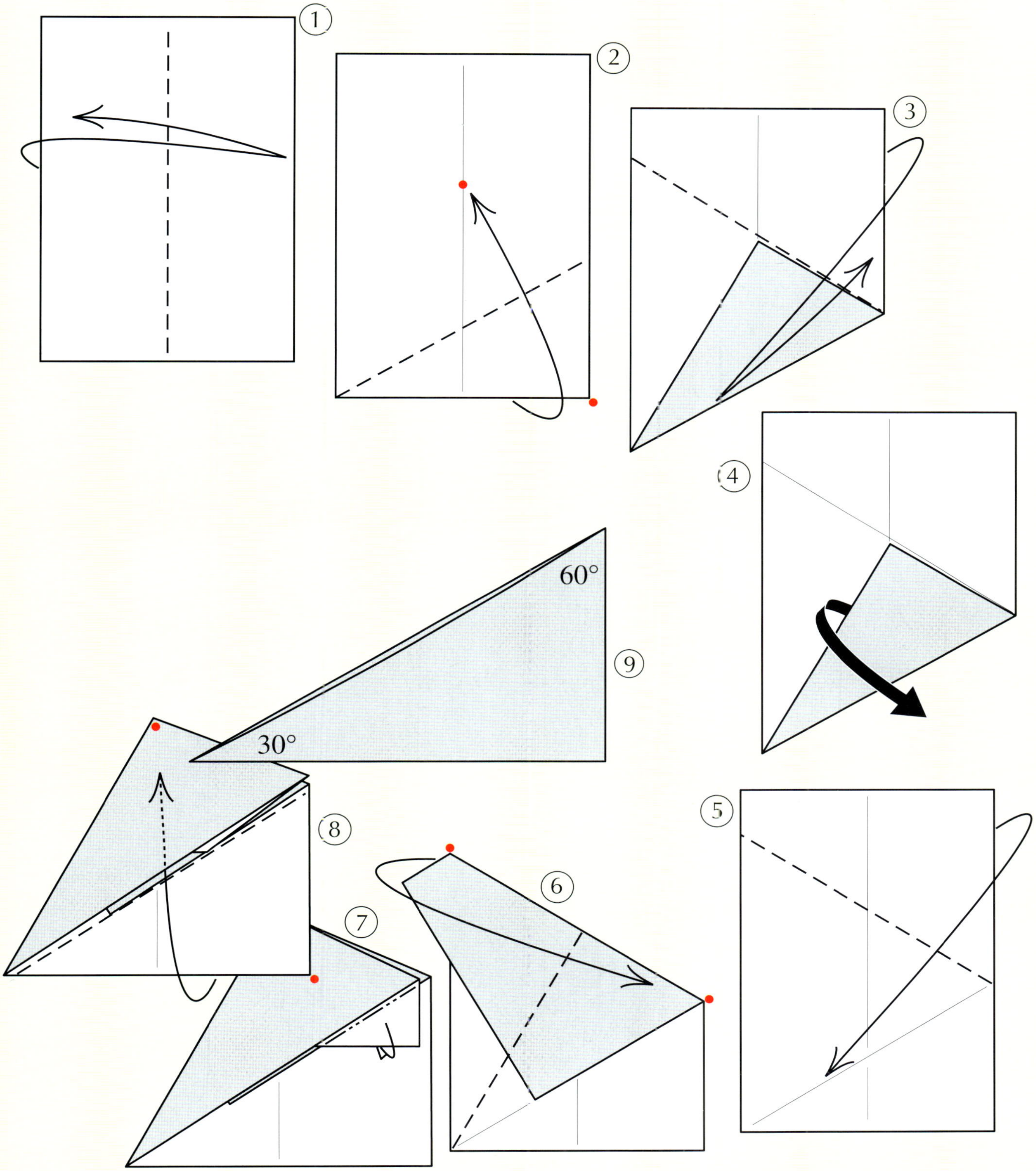
1
2
3
4
60°
9
30°
8
5
6
7

Brillenträger

v'Ann Cornelius

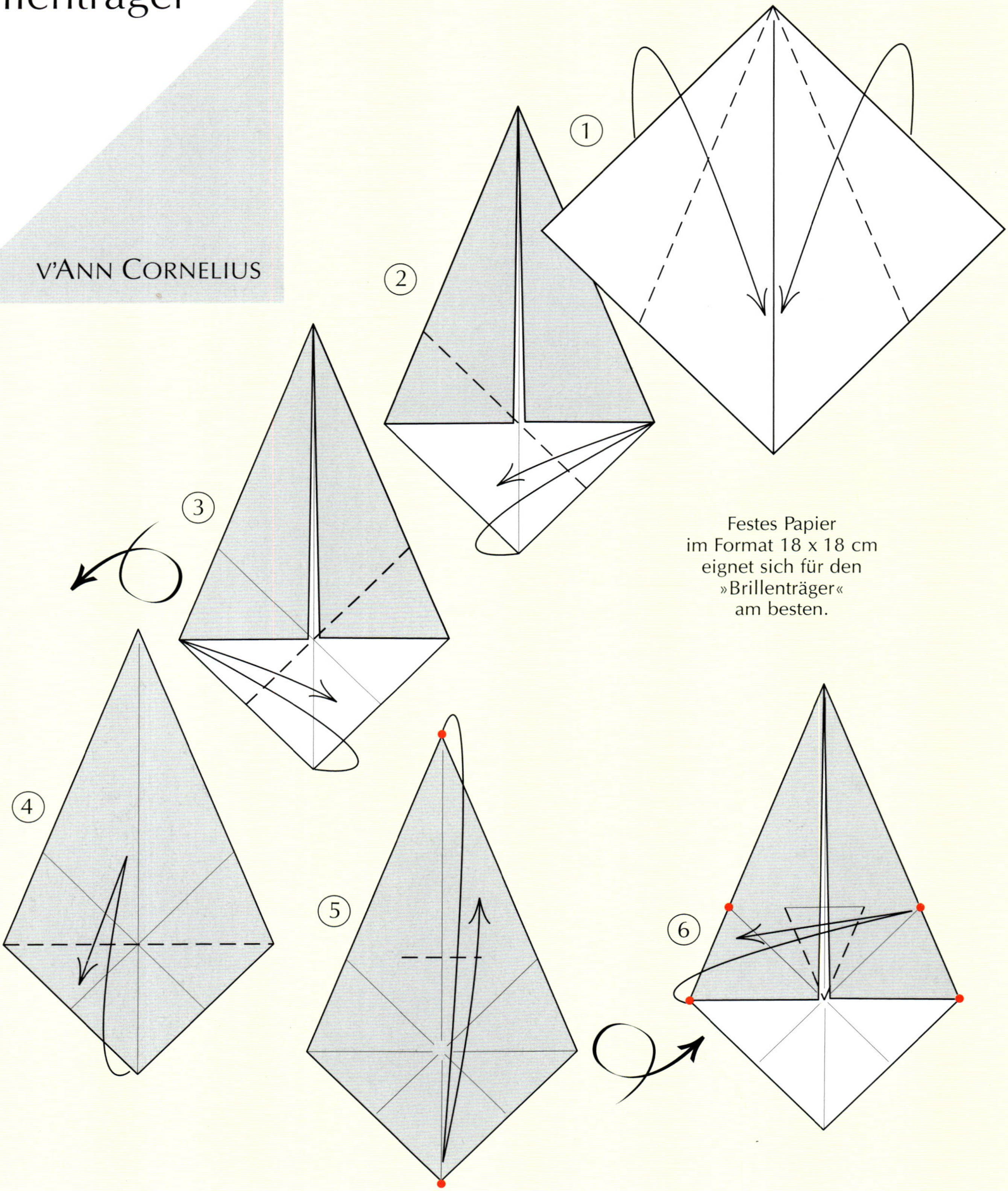

Festes Papier
im Format 18 x 18 cm
eignet sich für den
»Brillenträger«
am besten.

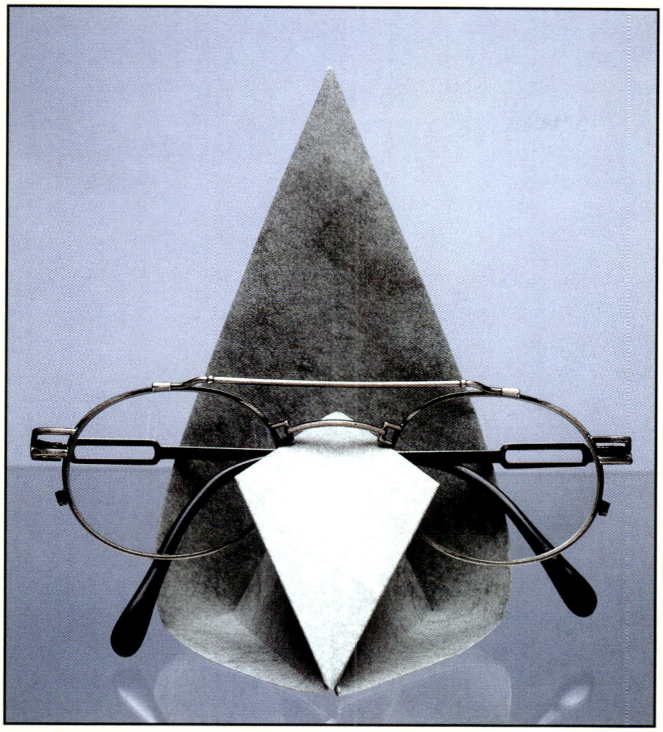

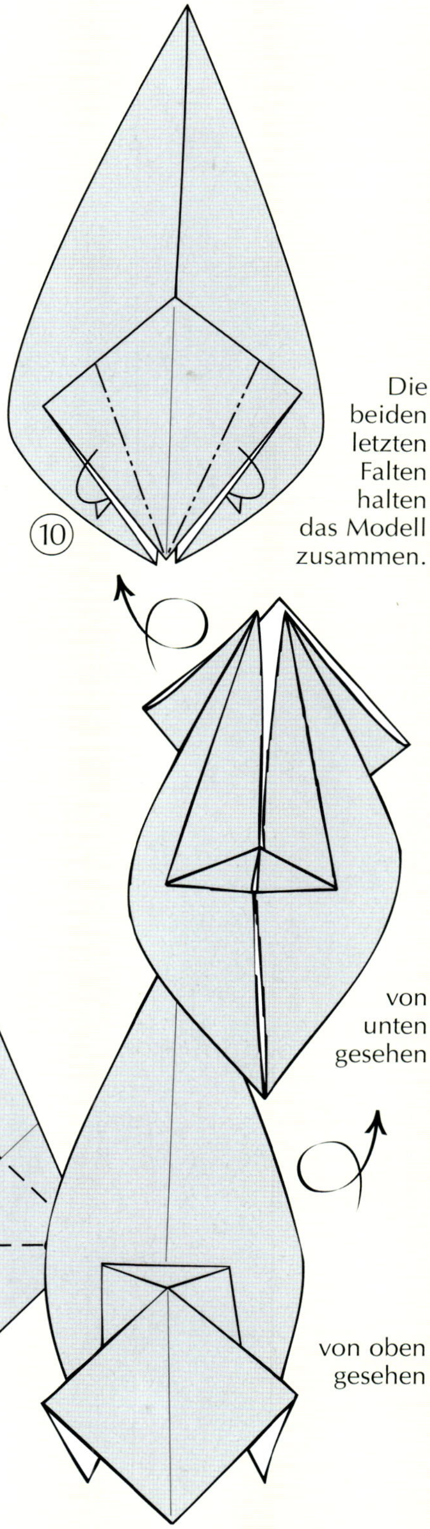
10
Die beiden letzten Falten halten das Modell zusammen.
von unten gesehen
von oben gesehen

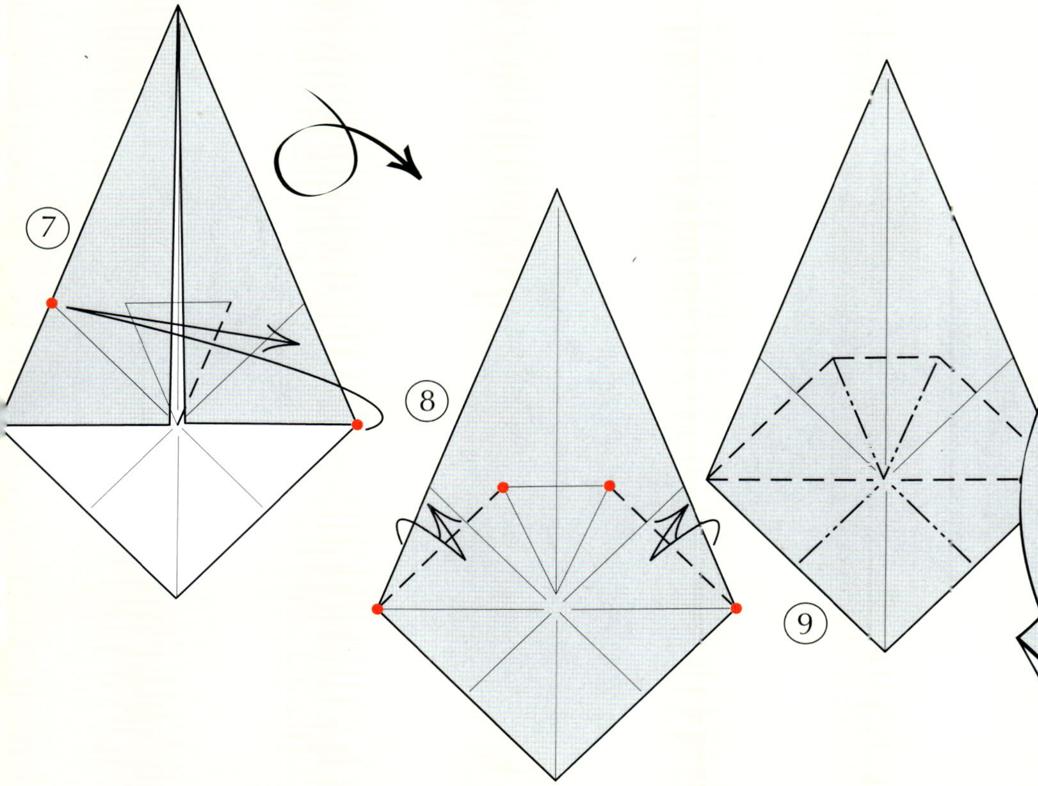
7
8
9

Container für Kaffeefilter

PAULO MULATINHO

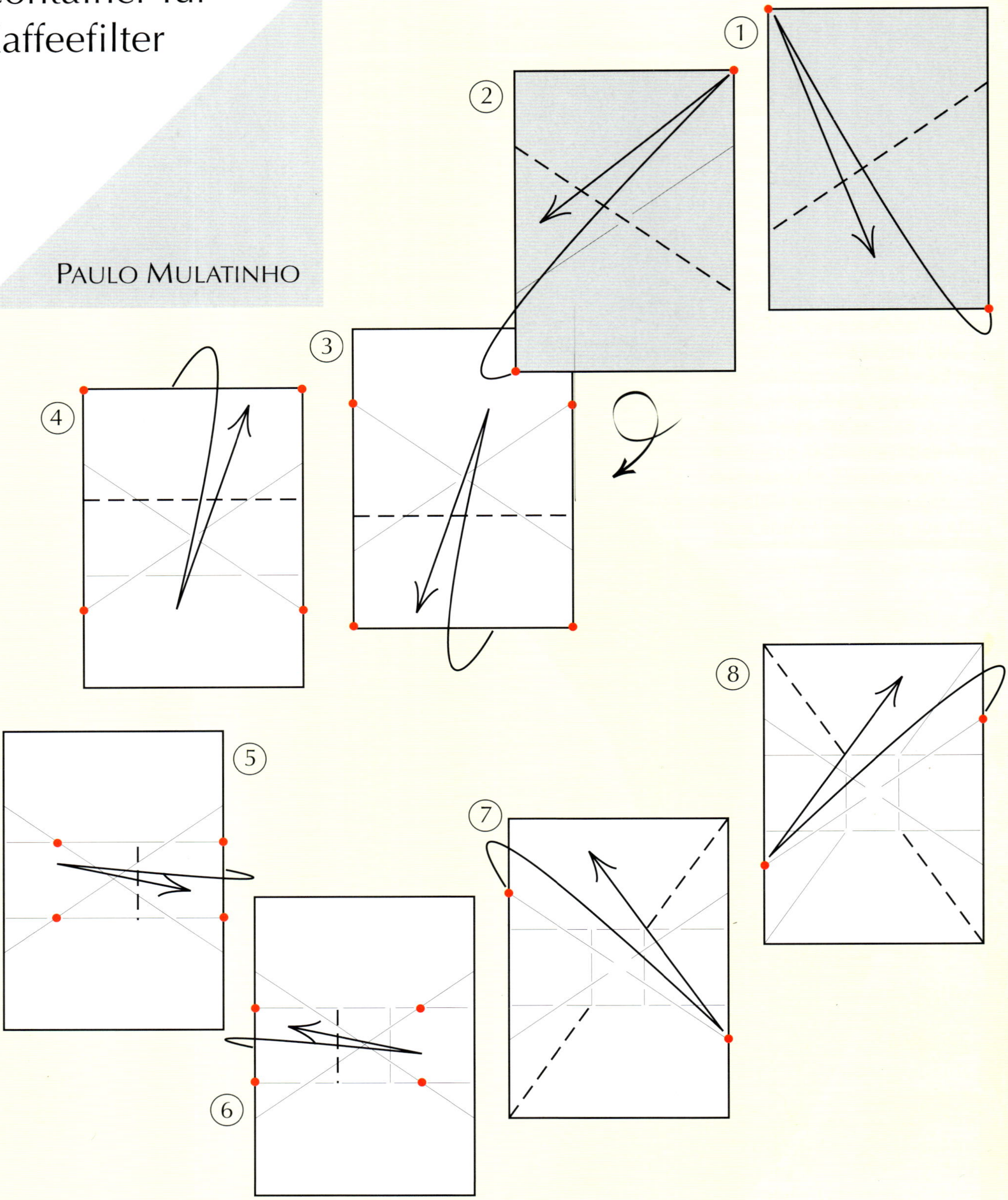

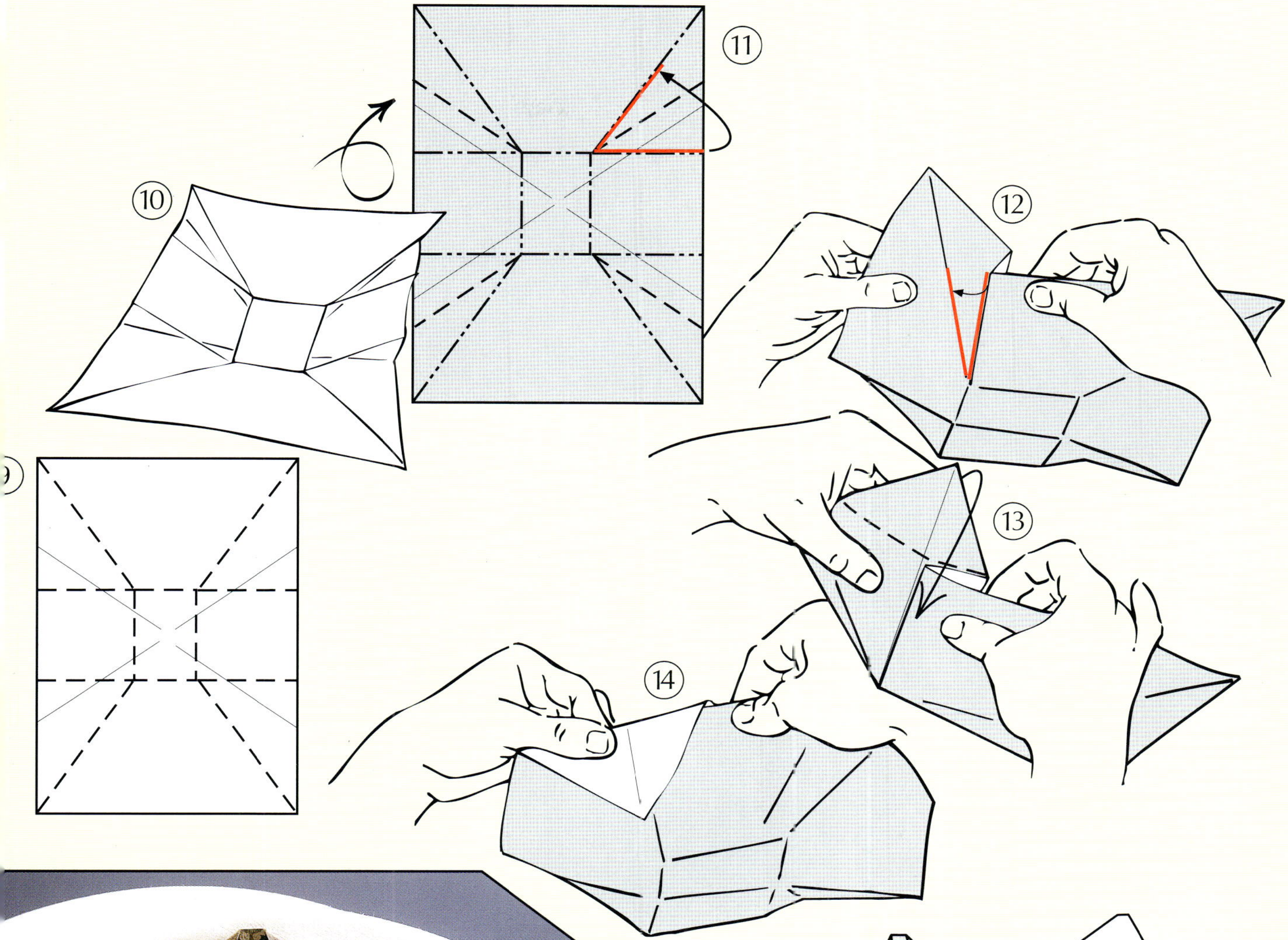

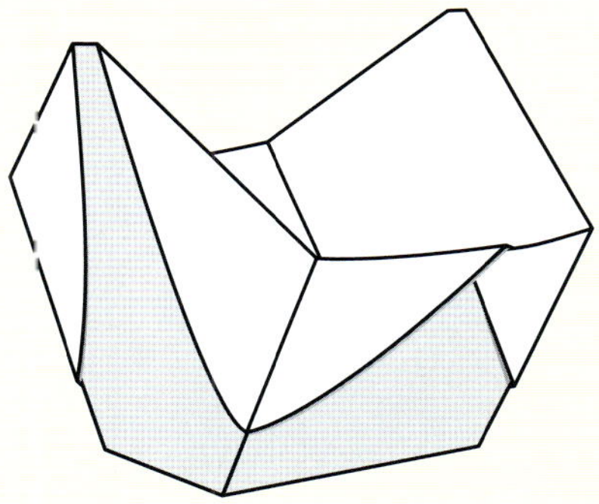

15

Wird das Modell aus einem DIN A4-Format gefaltet, entsteht ein Container für Papierfilter der Größe 102.

Très-Jolie

PAULO MULATINHO

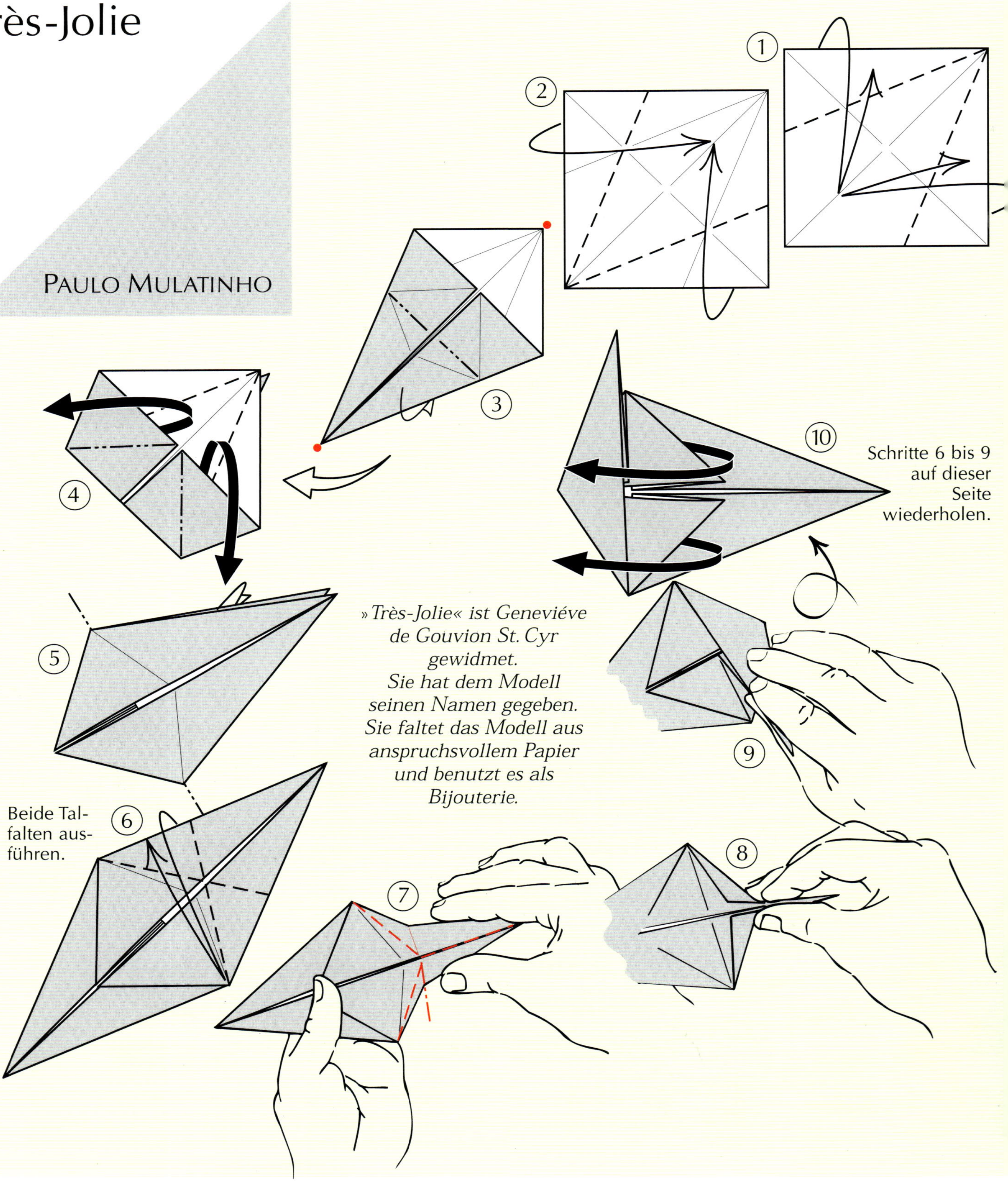

»Très-Jolie« ist Geneviéve de Gouvion St. Cyr gewidmet. Sie hat dem Modell seinen Namen gegeben. Sie faltet das Modell aus anspruchsvollem Papier und benutzt es als Bijouterie.

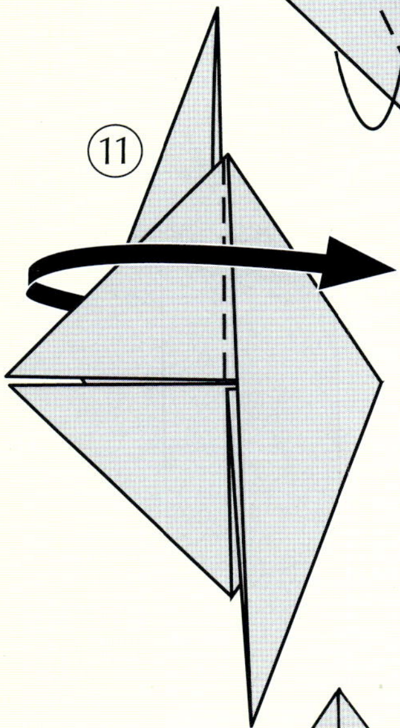

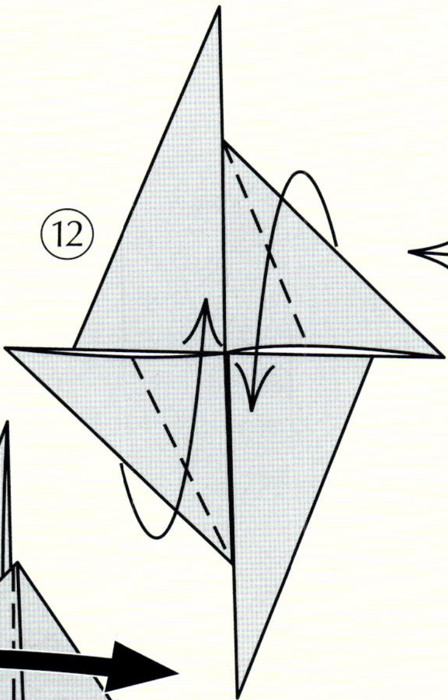

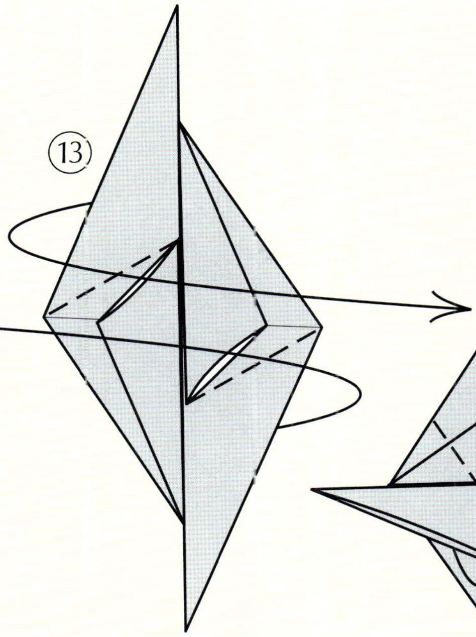

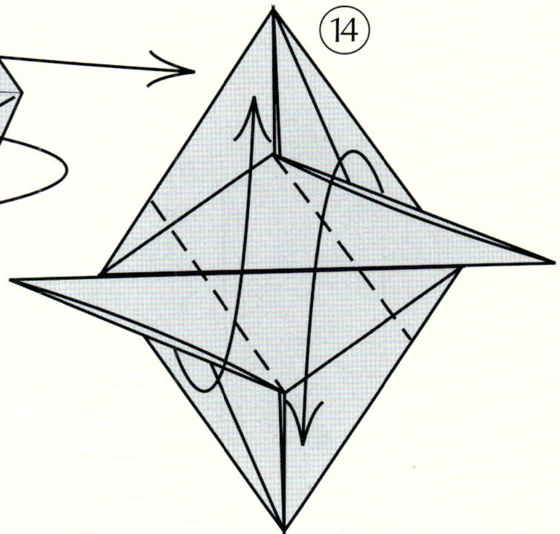

Dieses Mode l
ist leicht zu variiieren.
Experimentieren Sie,
seien Sie neugierig!
So finden Sie
verschiedene
eigene Faltvarianten.

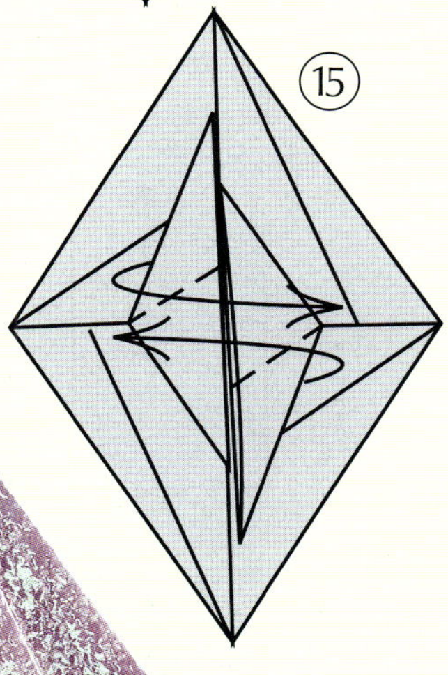

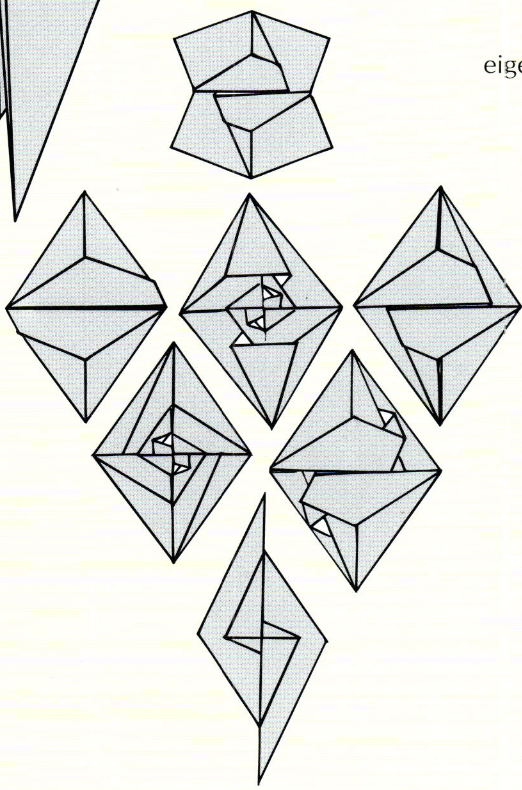

Briefumschlag

PAULO MULATINHO

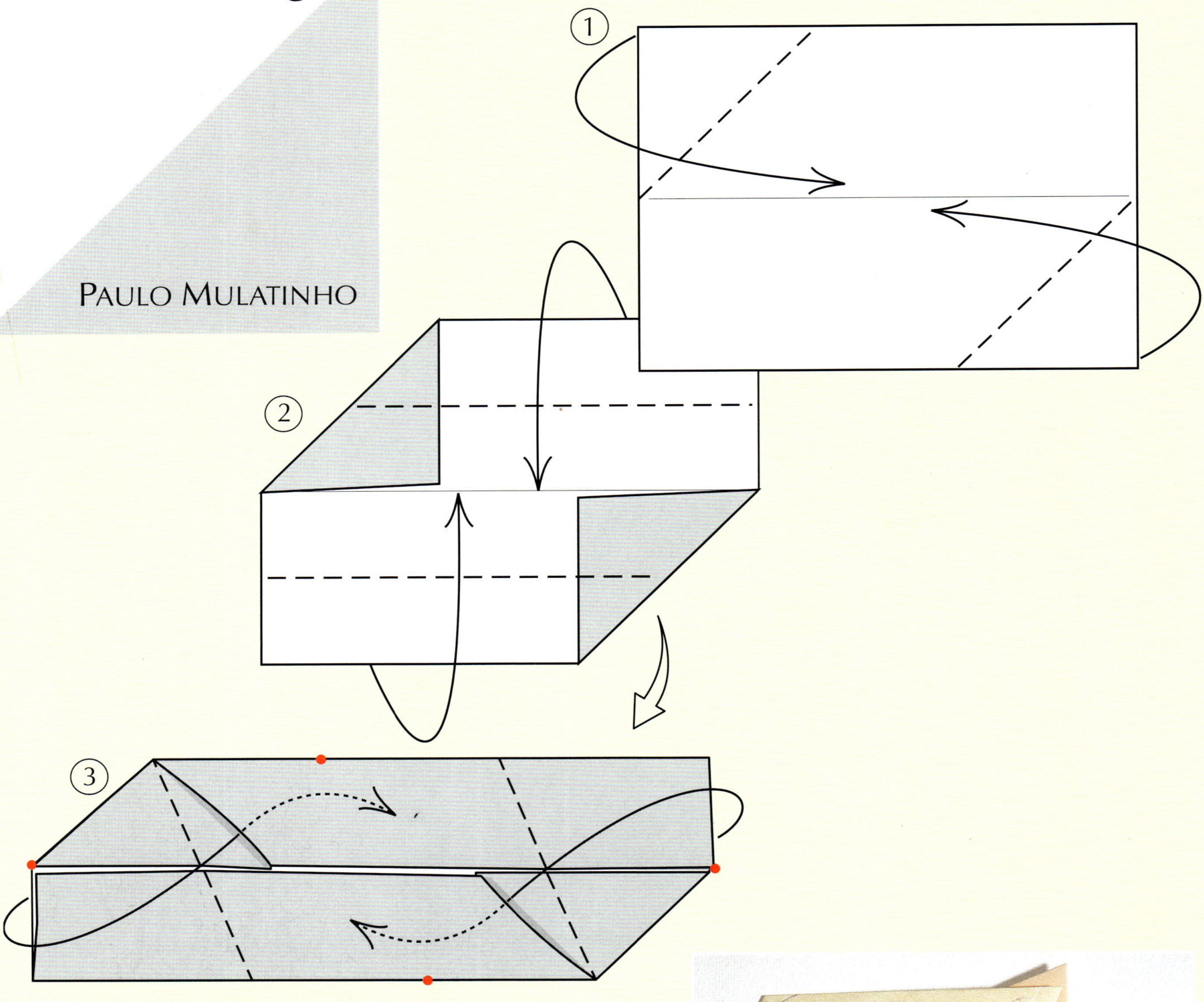

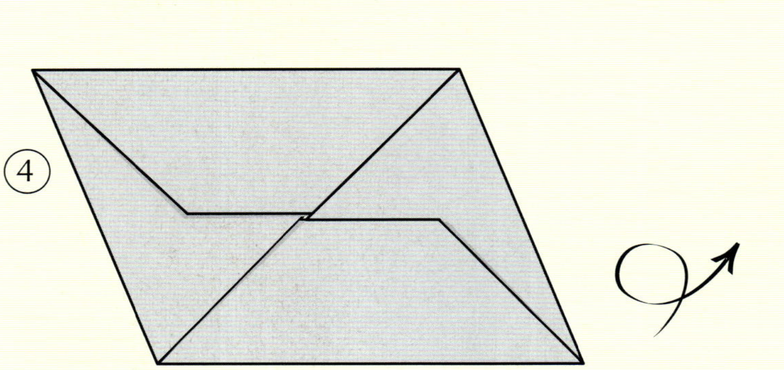

Für Feste

Valentinsherz

Alice Gray
&
Michael Shall

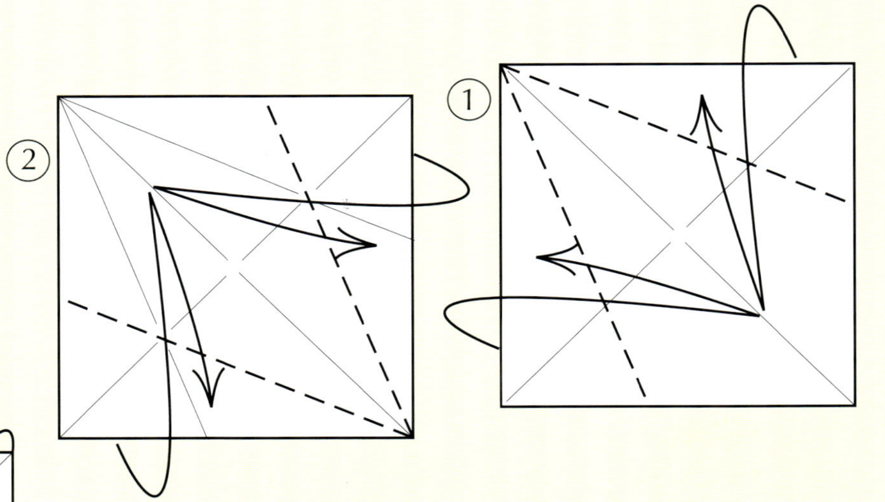

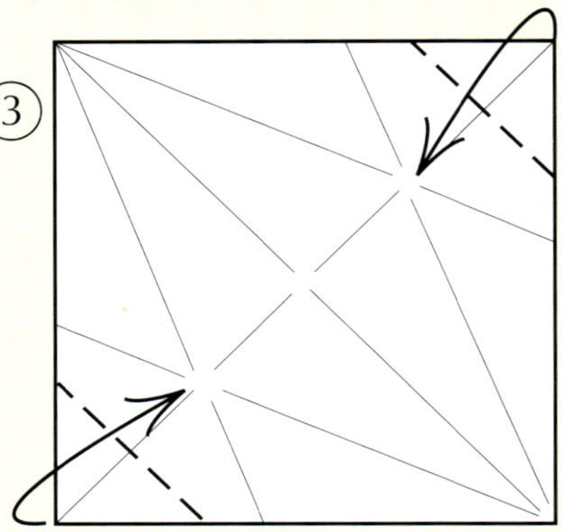

Michael Shall ist innerhalb der Origami-Welt unvergessen.

Sein Motto »Origami is for anyone, anywhere, anytime« hat nicht nur die Origami-Bewegung in Amerika, sondern überall auf der Welt geprägt.

»Falten mit Herz« ist ein Symbol, das Nick Robinson Michael zu Ehren eingeführt hat.

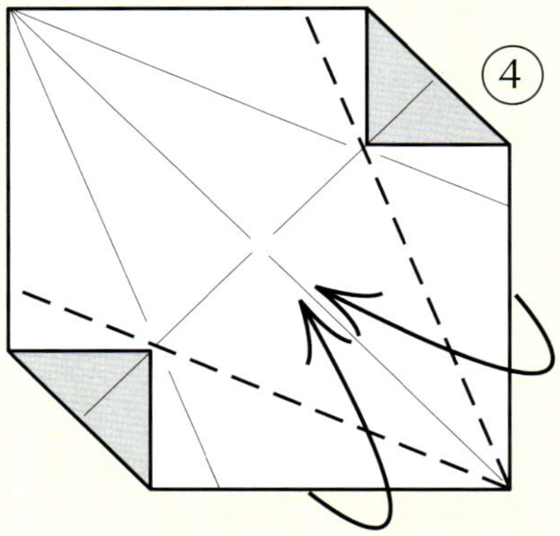

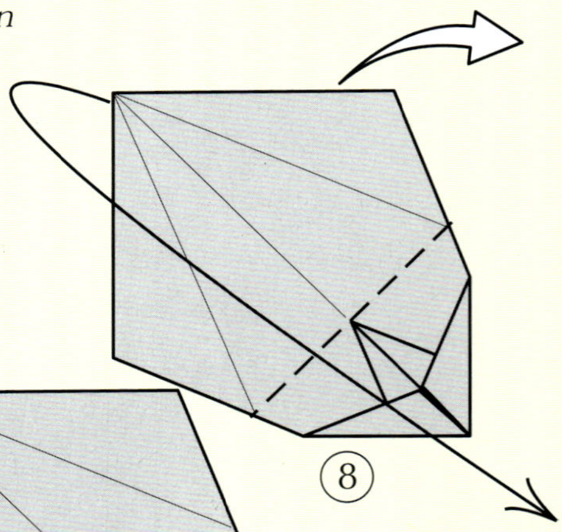

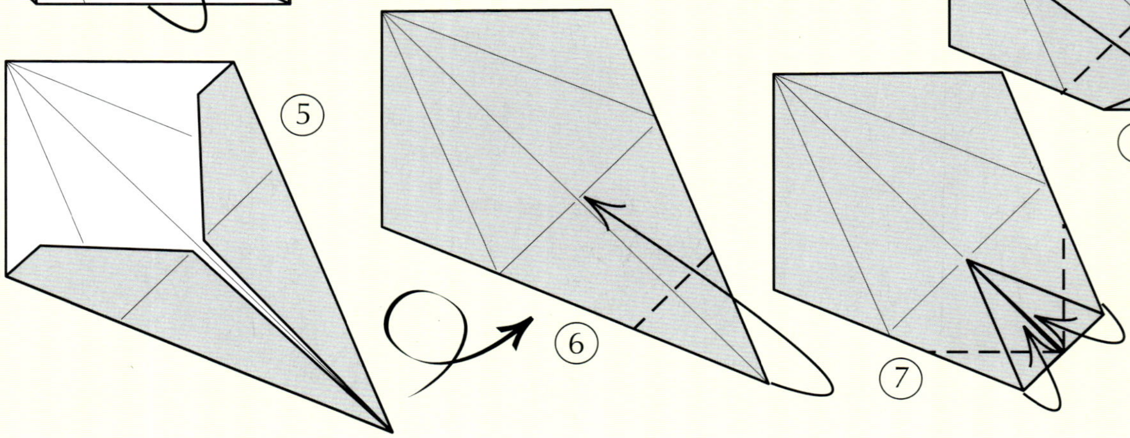

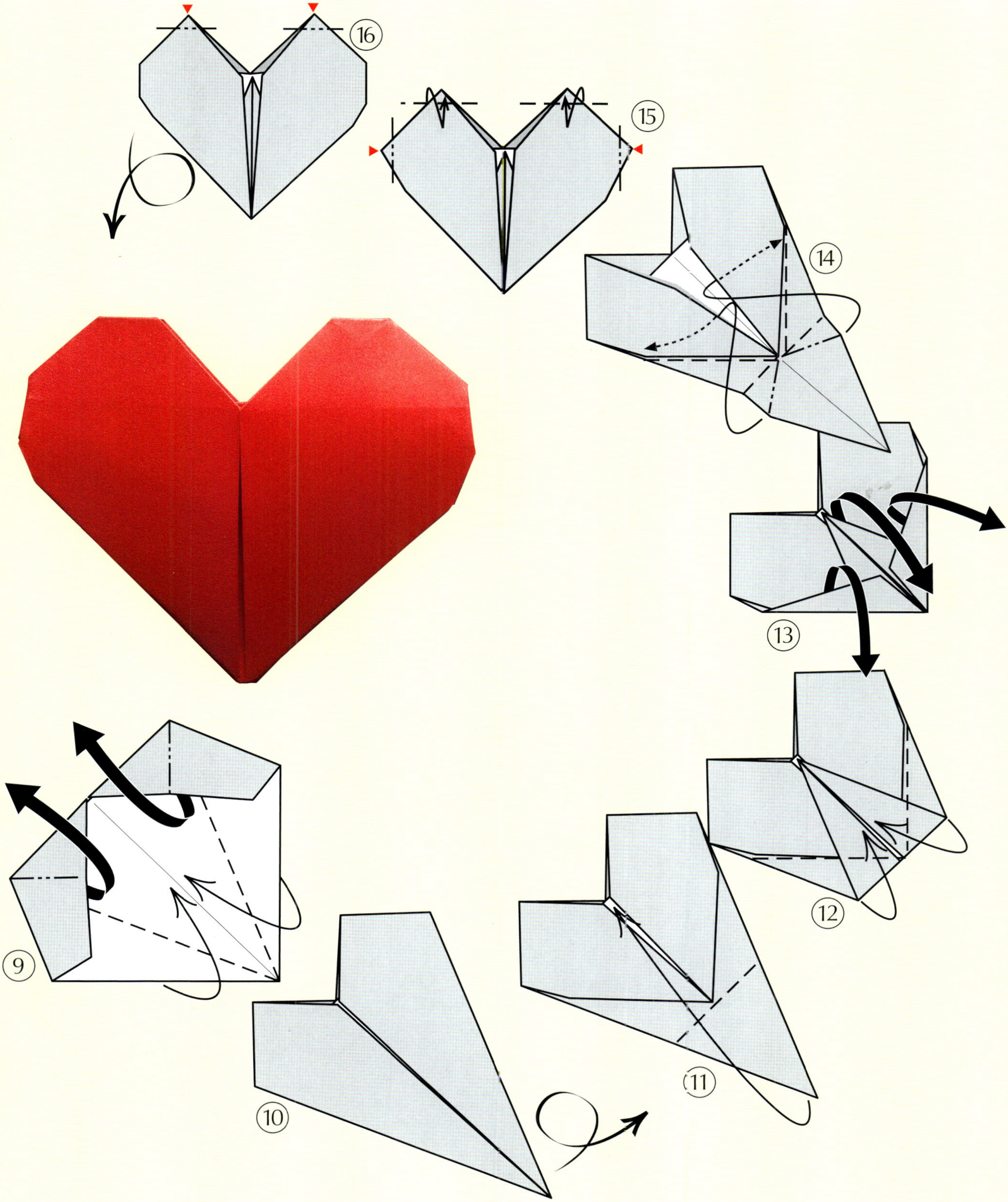
16
15
14
13
12
11
10
9

Osterhase

PAULO MULATINHO

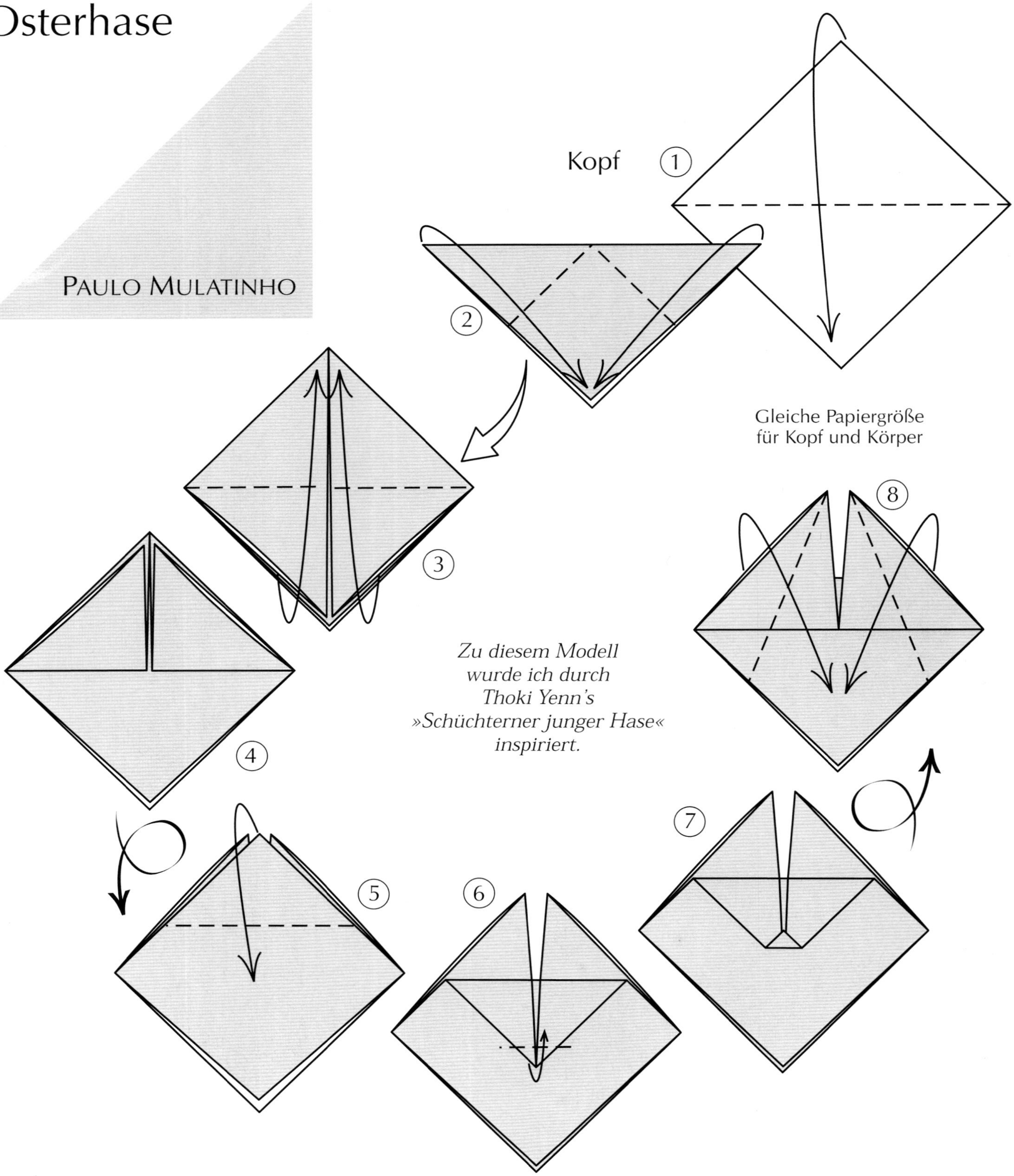

Zu diesem Modell wurde ich durch Thoki Yenn's »Schüchterner junger Hase« inspiriert.

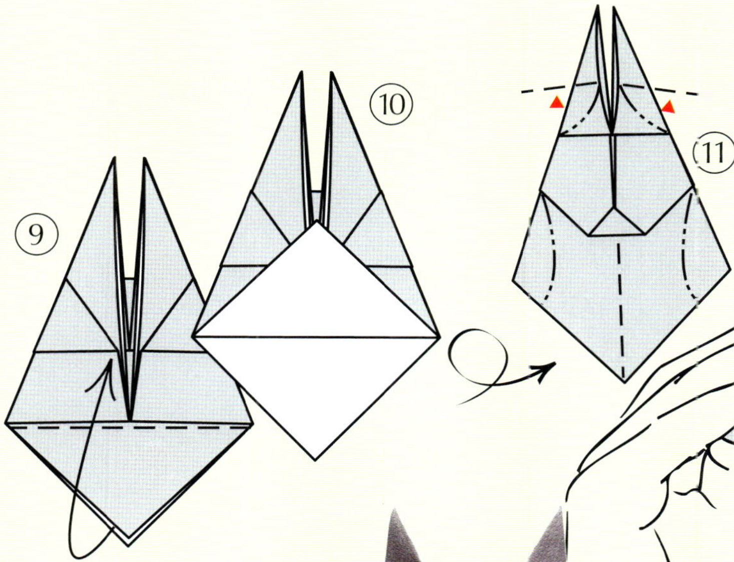

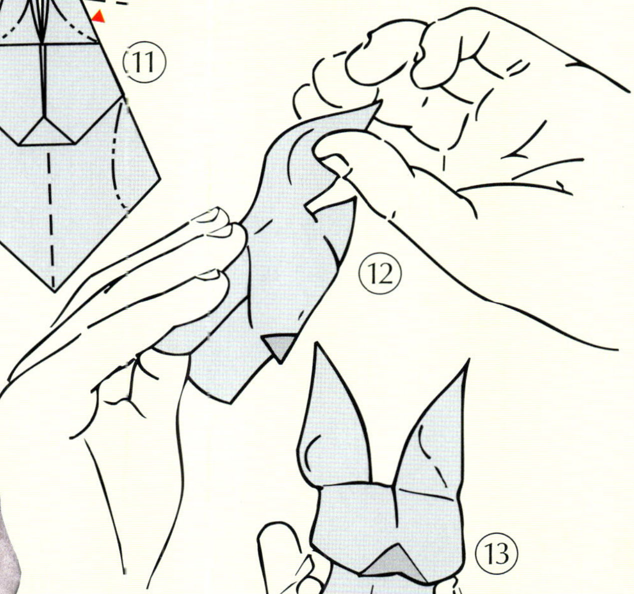

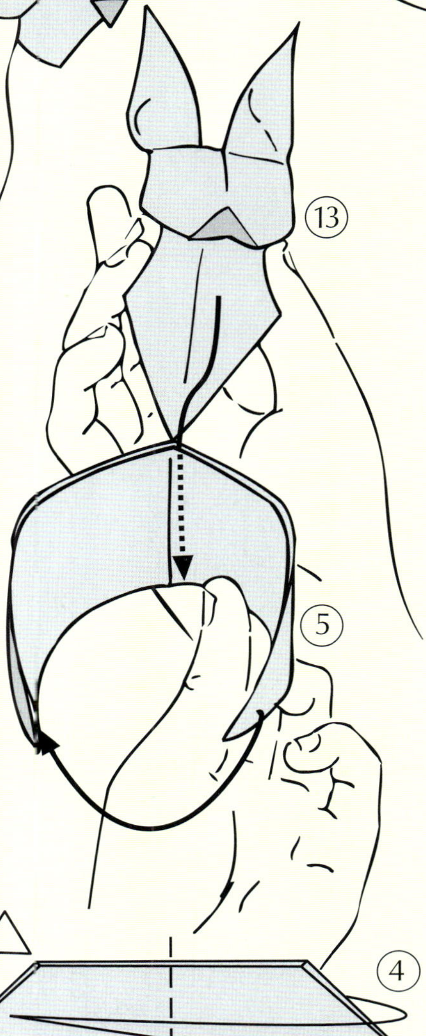

Körper

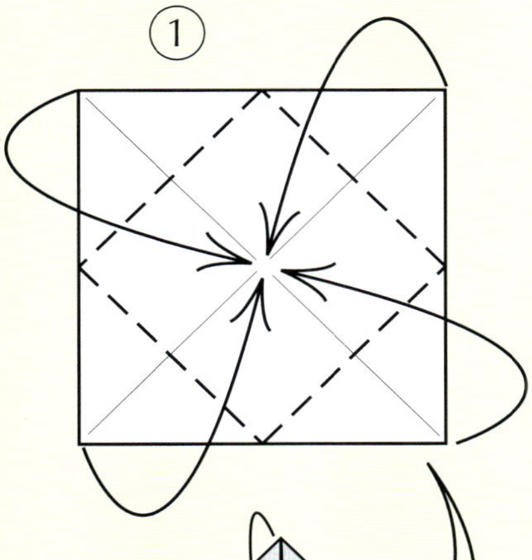

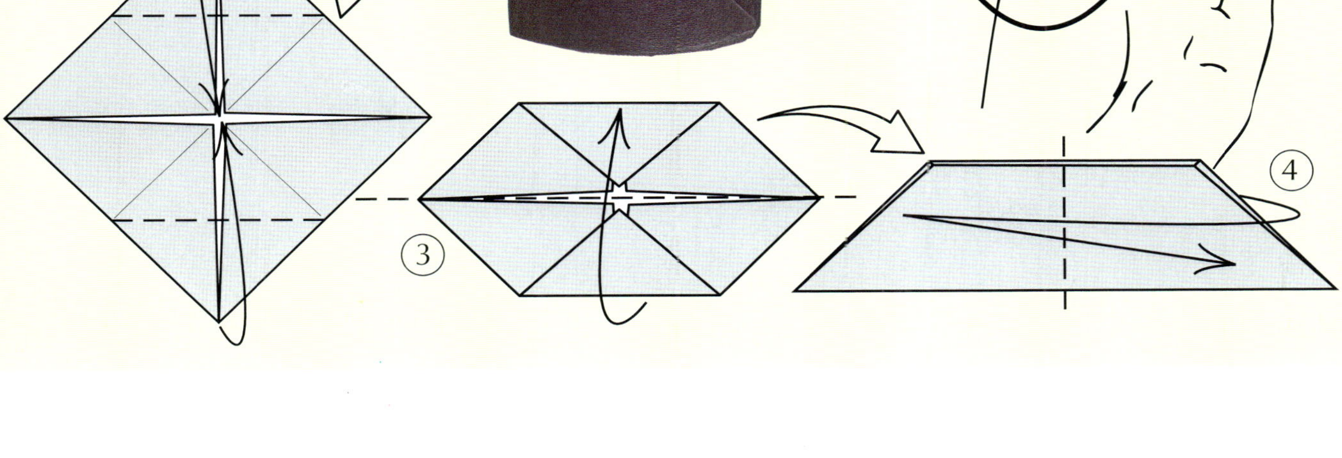

Stern

Wayne Brown

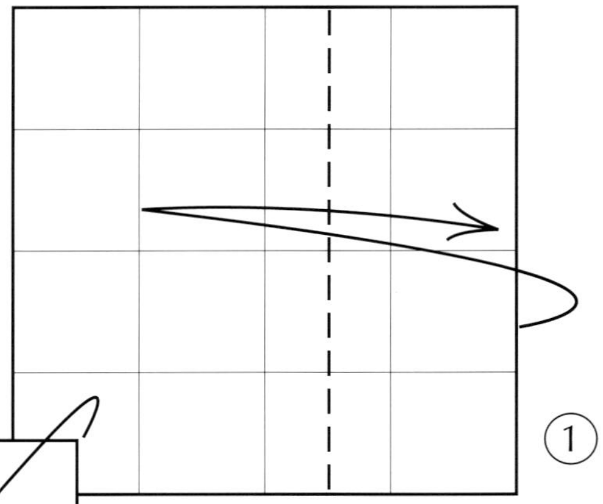

Diesen Schritt mit den anderen drei Kanten wiederholen.

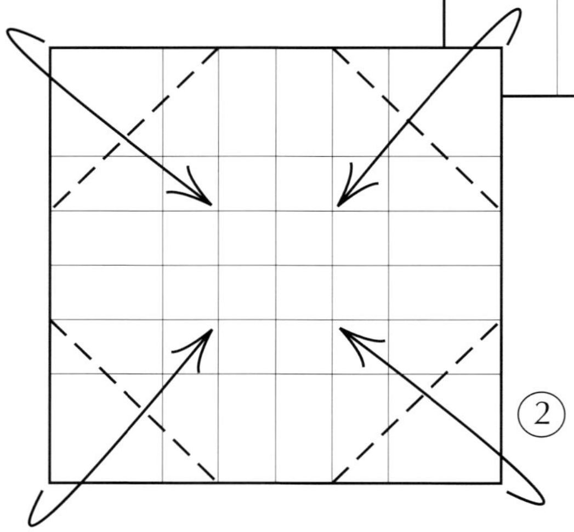

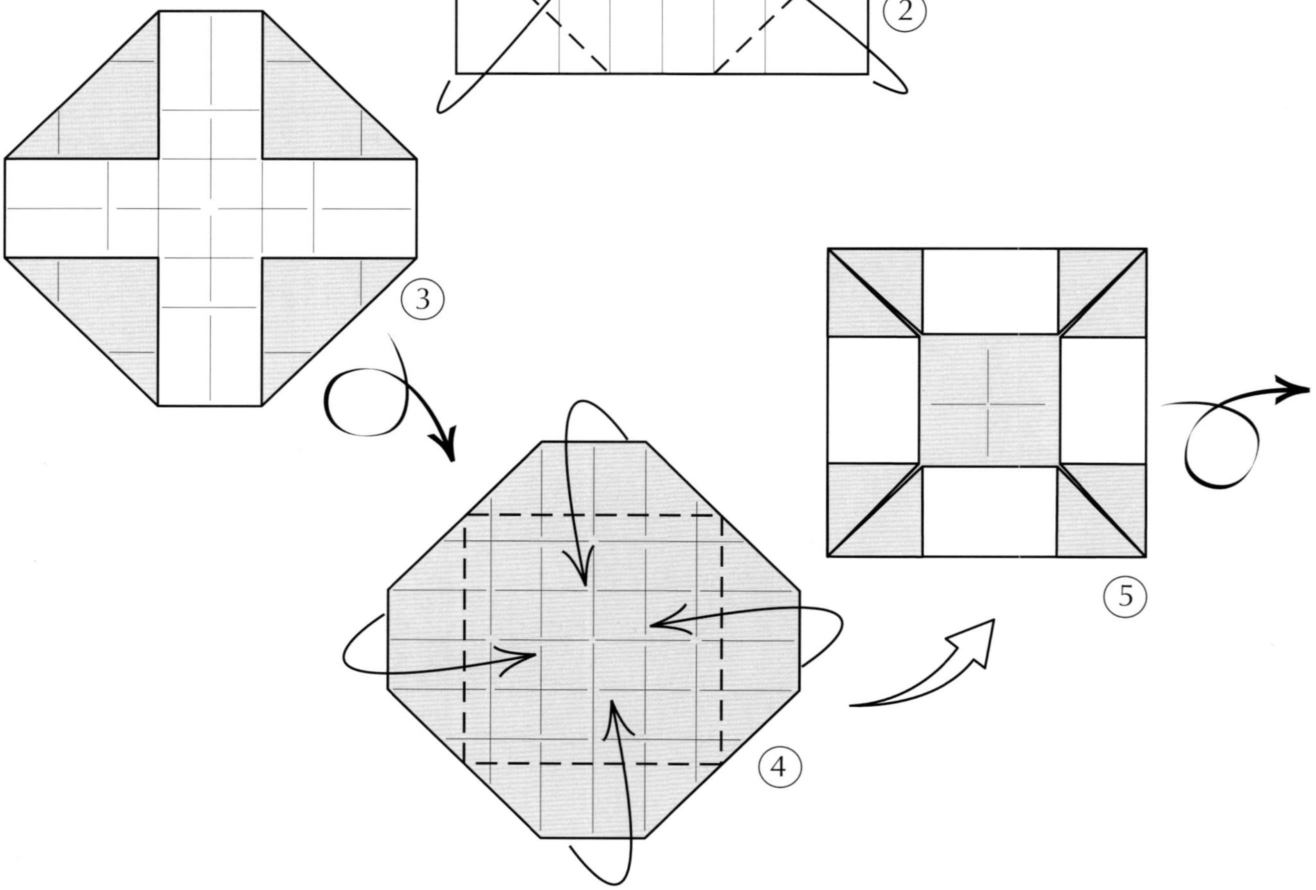

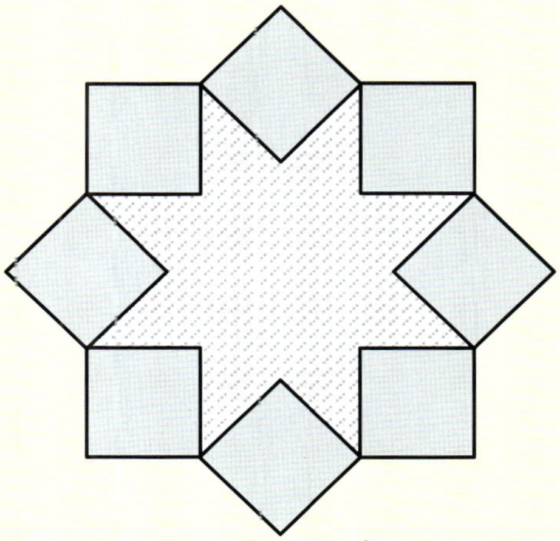

Beide Teile so zusammenstecken, daß jeder Punkt unter einer Ecke zu liegen kommt.

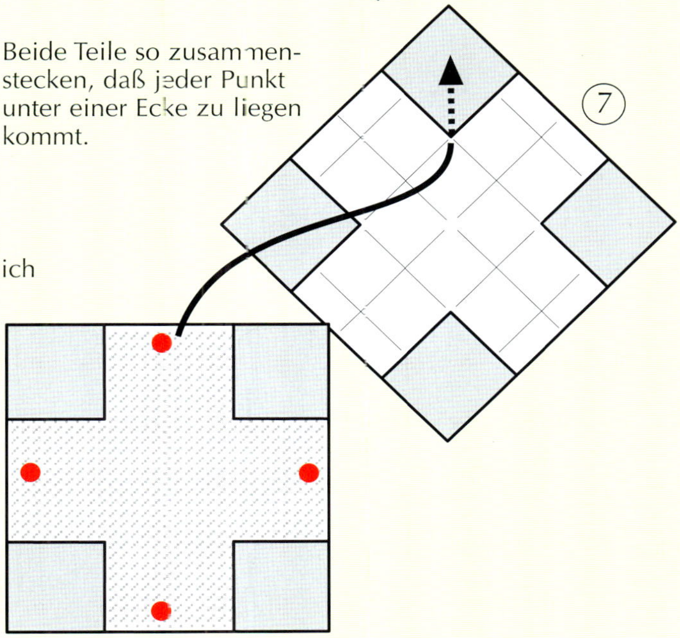

7

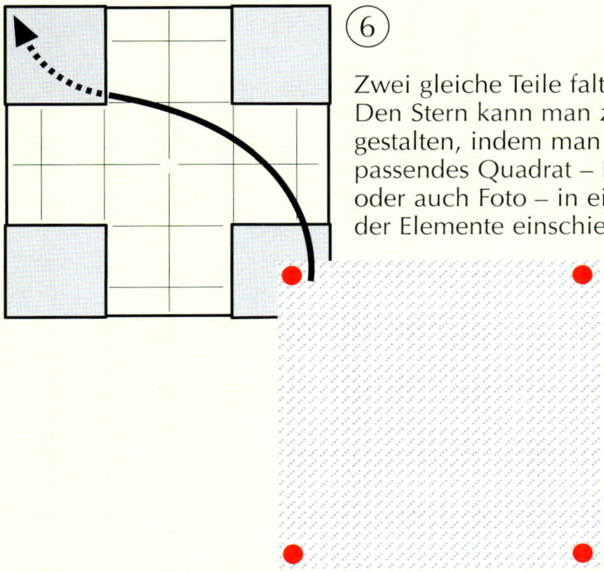

6

Zwei gleiche Teile falten. Den Stern kann man zusätzlich gestalten, indem man ein passendes Quadrat – Papier oder auch Foto – in eines der Elemente einschiebt.

Tannenbaum

PAULO MULATINHO

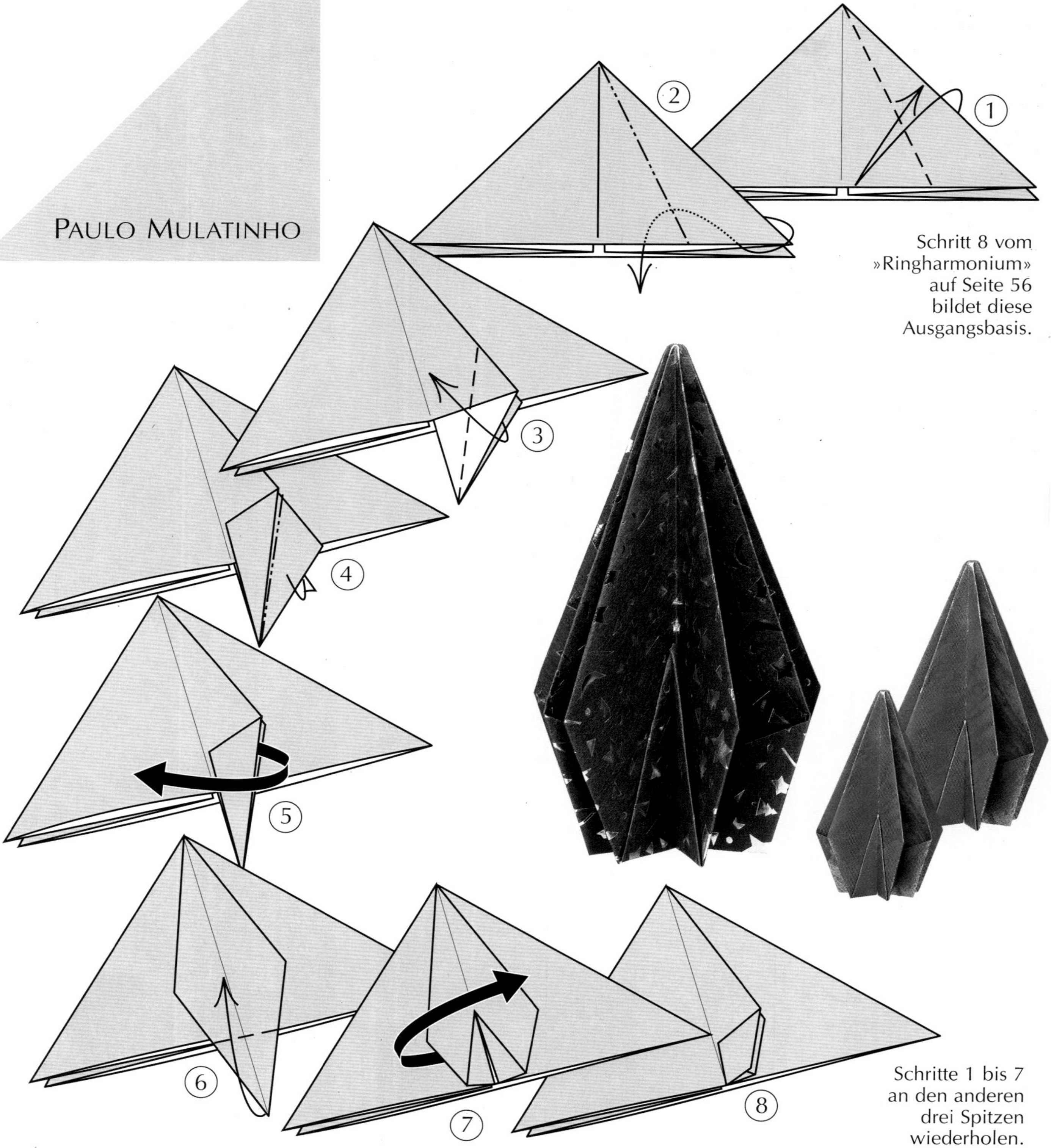

Schritt 8 vom »Ringharmonium« auf Seite 56 bildet diese Ausgangsbasis.

Schritte 1 bis 7 an den anderen drei Spitzen wiederholen.

Spielerisches

Fingerpuppen

Cristina L. Givone

Für die Puppen
habe ich zwei Papiere
übereinander gelegt.
Man muß mit den zwei
Schichten sehr sorgfältig falten,
aber dafür kann man unzählige
Farben und Muster
kombinieren.

Variationen bei diesen Faltungen für Hut und Nase verleihen den Puppen unterschiedliche Charaktere.

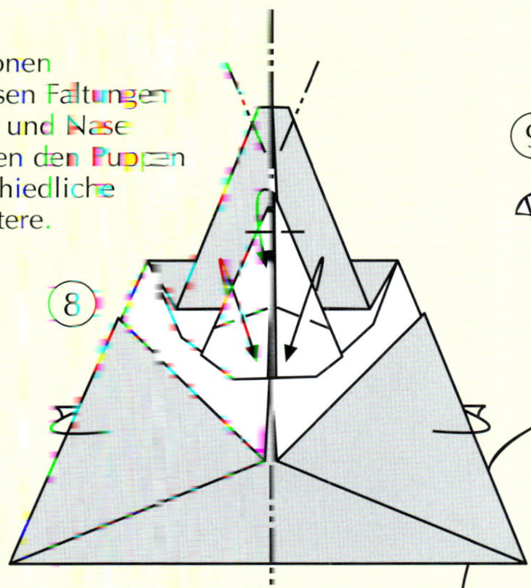

Beide Seiten nach hinten wölben und so dem Körper Rundung geben.

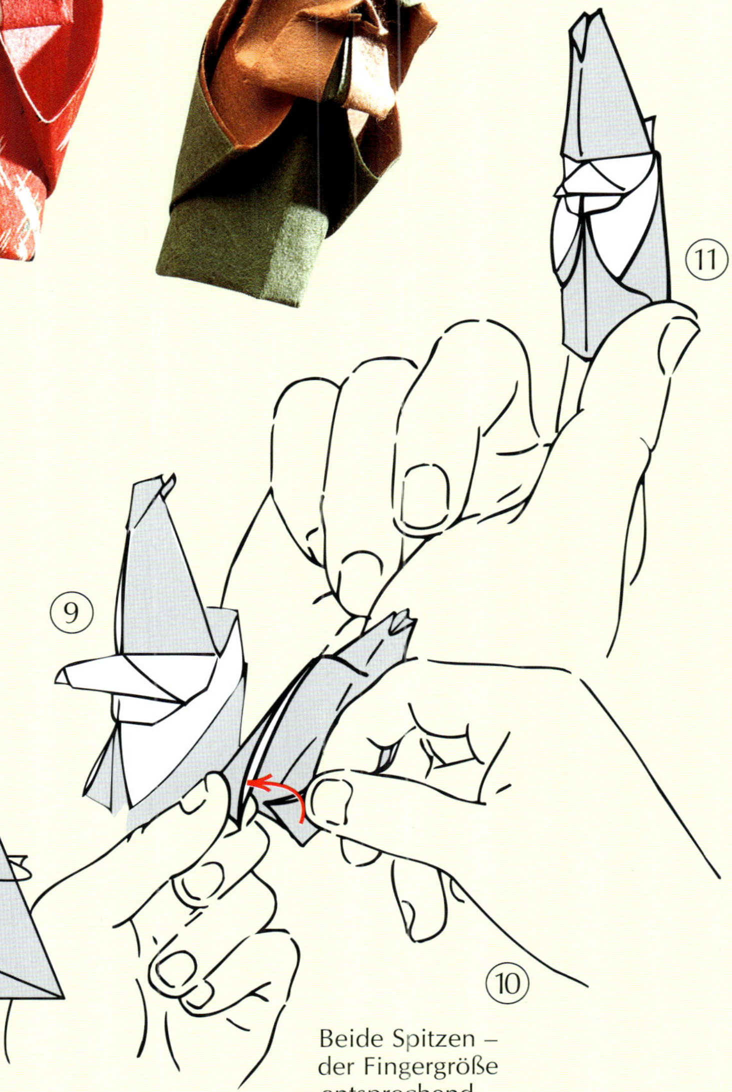

Beide Spitzen – der Fingergröße entsprechend – ineinander schieben.

Fliegender Kranich

TRADITIONELL

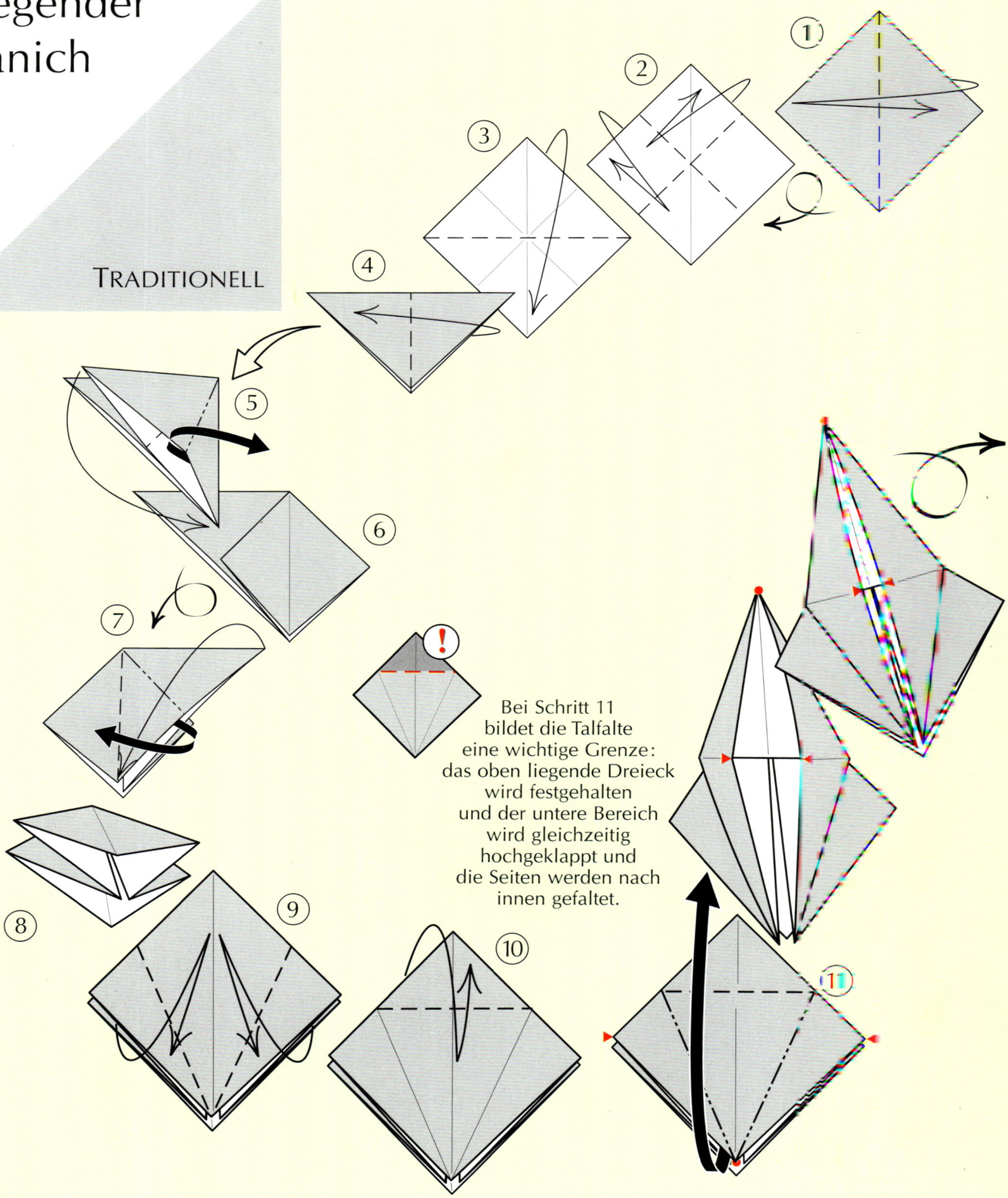

Bei Schritt 11
bildet die Talfalte
eine wichtige Grenze:
das oben liegende Dreieck
wird festgehalten
und der untere Bereich
wird gleichzeitig
hochgeklappt und
die Seiten werden nach
innen gefaltet.

13

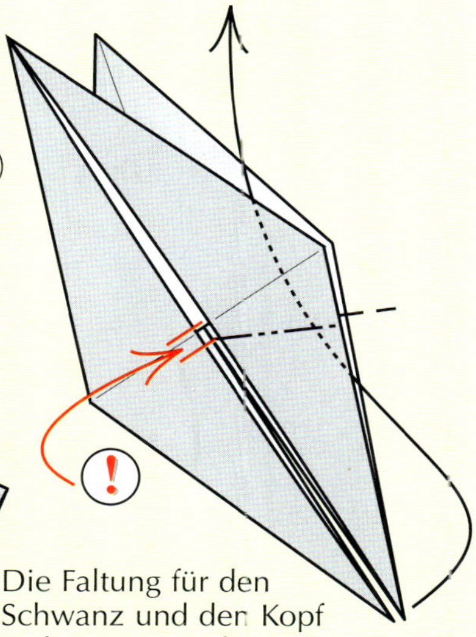

Die Faltung für den Schwanz und den Kopf nicht genau in der Mitte enden lassen, sondern etwas tiefer – das erleichtert das Flügelschlagen in Schritt 16.

12

Schritte 9 bis 11 auf dieser Seite wiederholen.

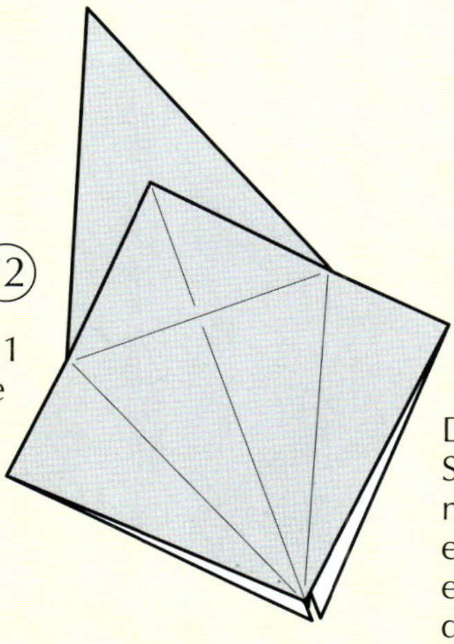

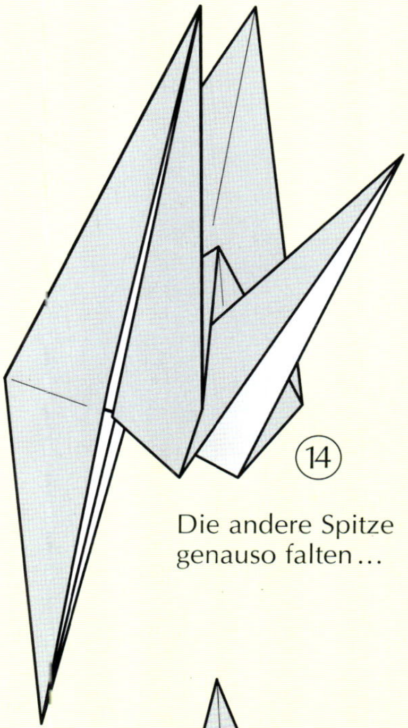

14

Die andere Spitze genauso falten…

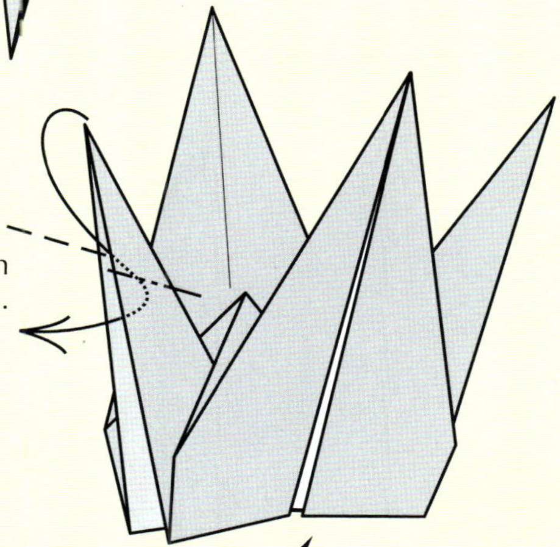

15

…und den Kopf gestalten.

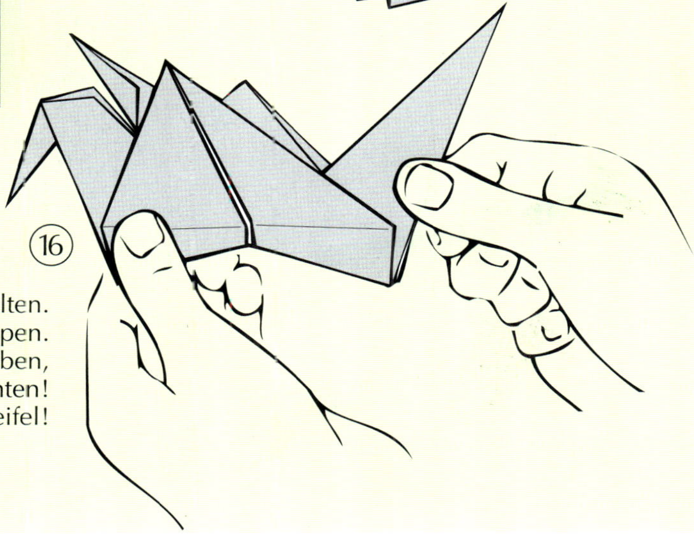

16

Das Modell wie gezeigt festhalten. Vorher die Flügel zur Seite klappen. Jetzt am Schwanz ziehen – nicht nach oben, nicht nach unten, sondern gerade nach hinten! Der Kranich fliegt! Ohne Zweifel!

Vogel an der Tränke

TRADITIONELL

aufgegriffen von
Laura Kruskal

Schritt 13 vom »Fliegenden Kranich« auf Seite 51 bildet diese Ausgangsbasis.

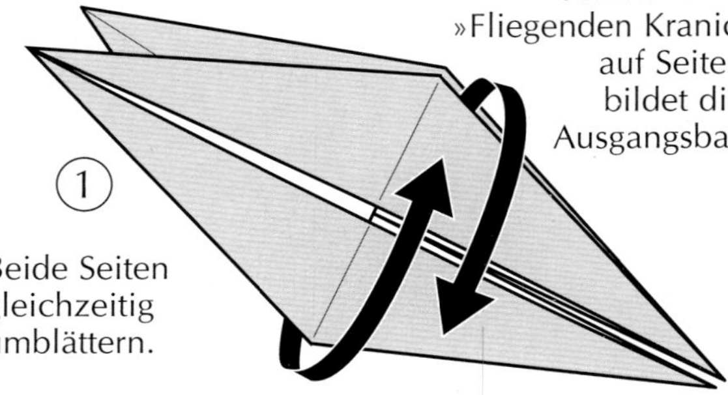

Beide Seiten gleichzeitig umblättern.

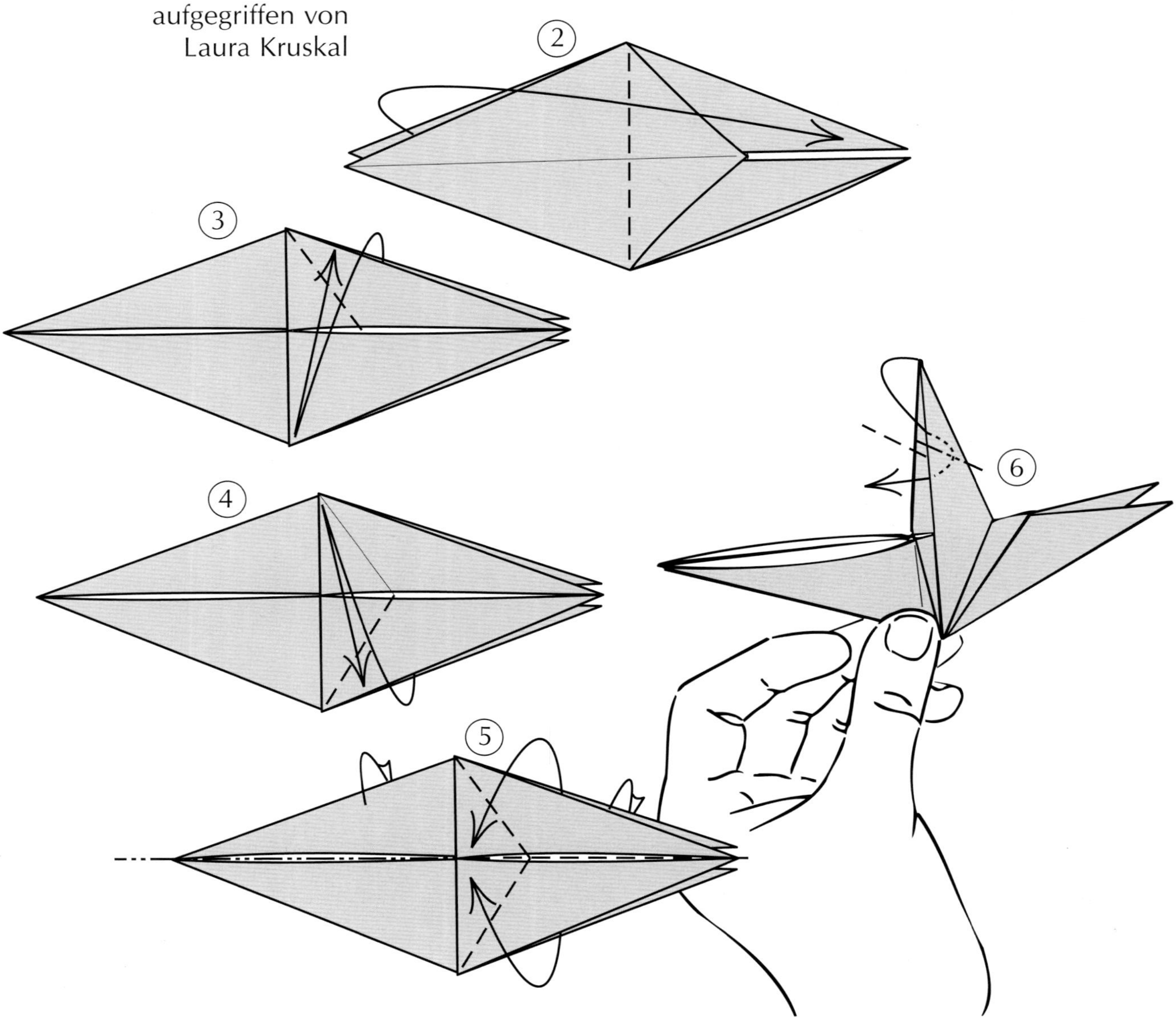

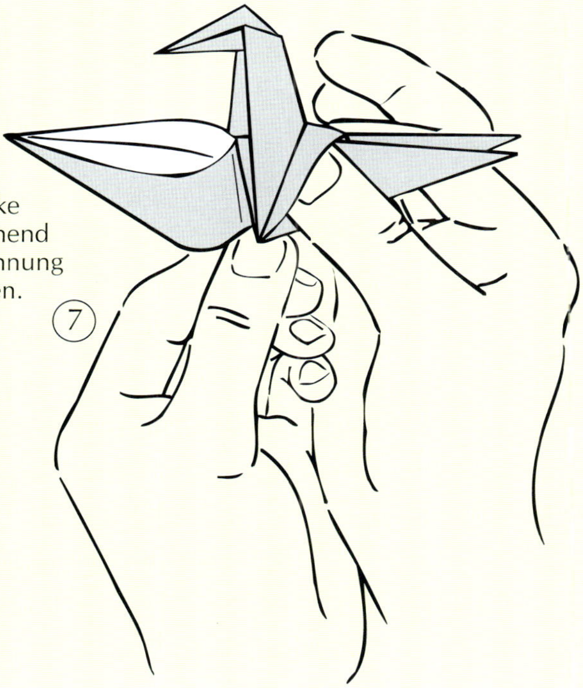

Die Tränke entsprechend der Zeichnung ausformen.

⑦

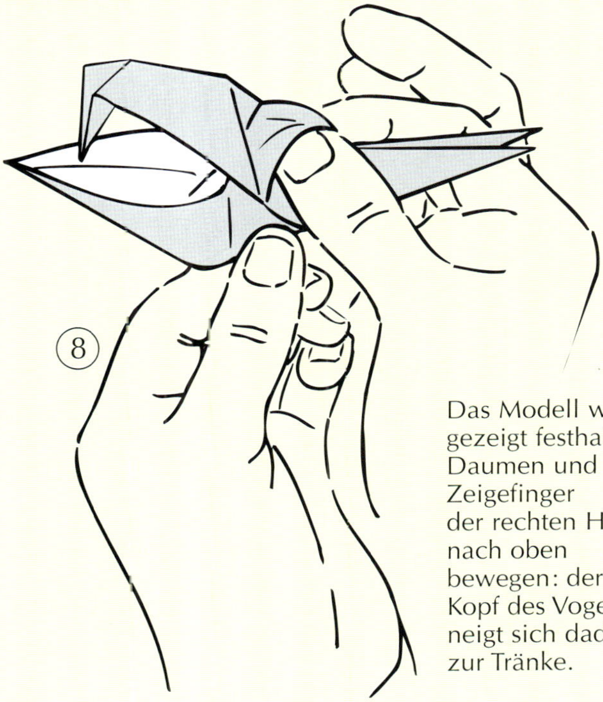

⑧

Das Modell wie gezeigt festhalten, Daumen und Zeigefinger der rechten Hand nach oben bewegen: der Kopf des Vogels neigt sich dadurch zur Tränke.

Drehendes Tablett

TRADITIONELL

1

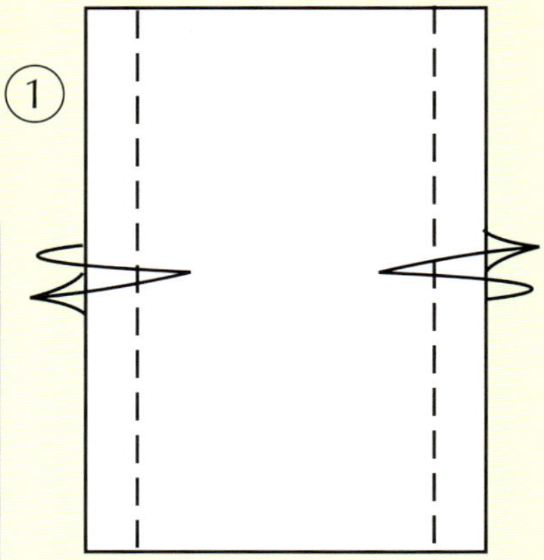

2

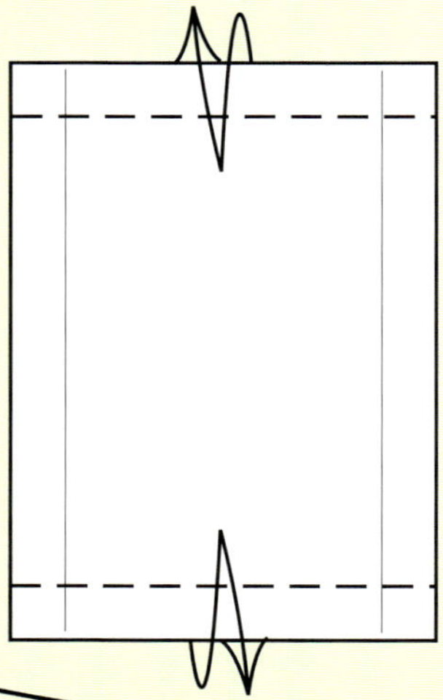

Der Rand soll ungefähr eine Fingerbreite haben.

3

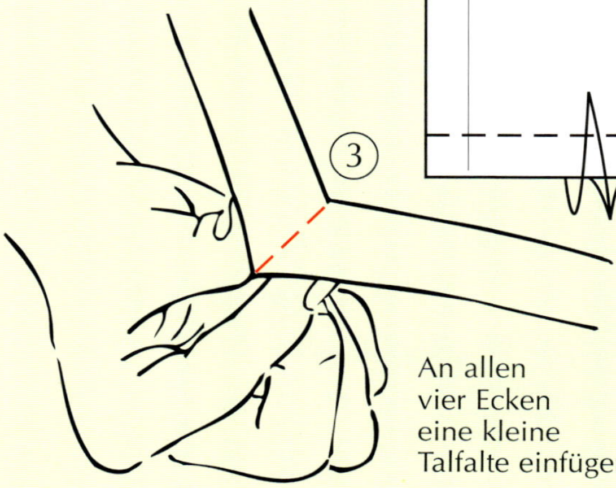

An allen vier Ecken eine kleine Talfalte einfügen.

4

Das Tablett vor dem ausgestreckten Zeigefinger festhalten. Loslaufen und loslassen – der Gegenwind bringt das Tablett zum Rotieren. Der Zeigefinger muß dabei immer gestreckt bleiben.

Geometrische Figuren

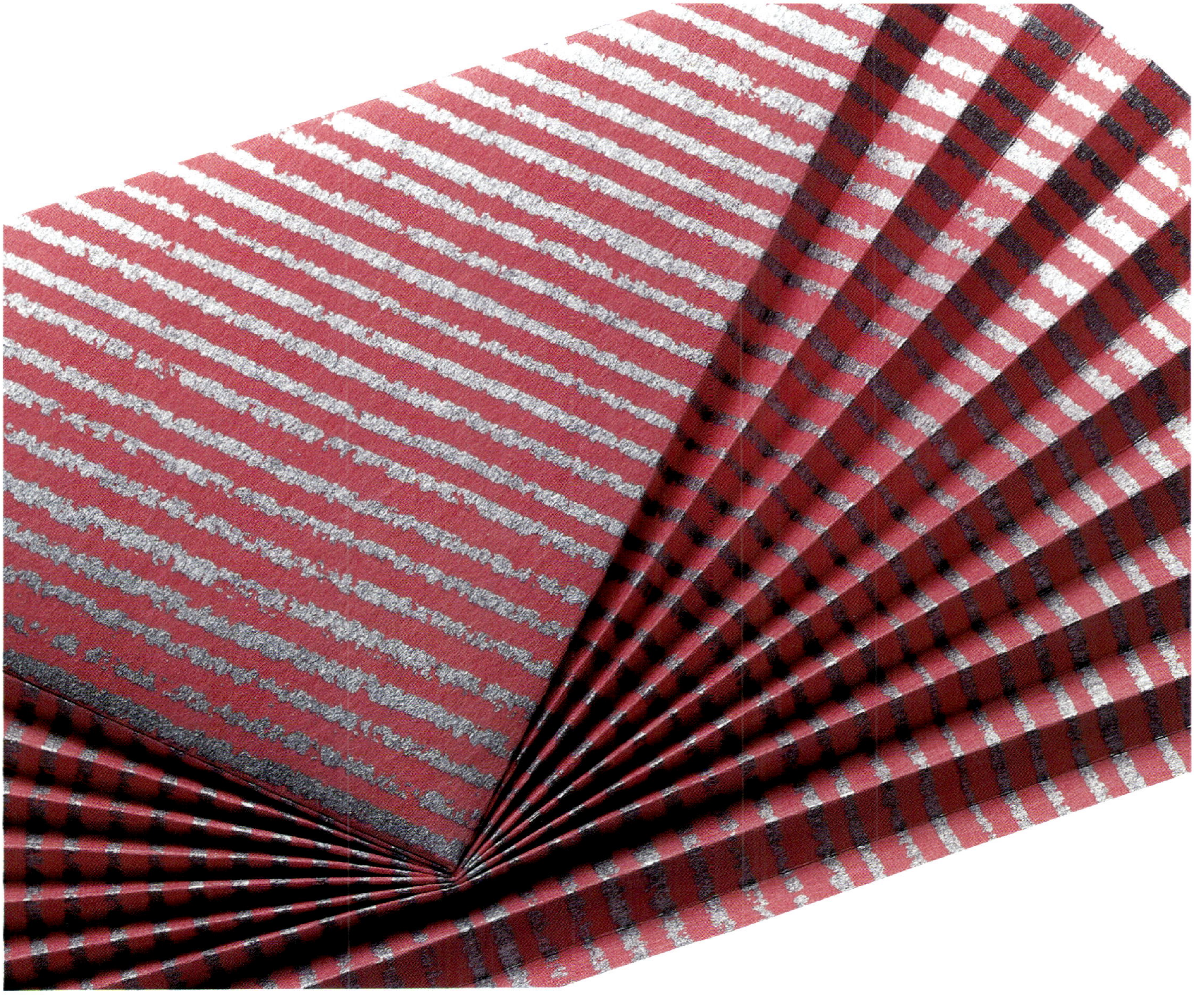

Ring-harmonium

ULRIKE
KRALLMANN-WENZEL

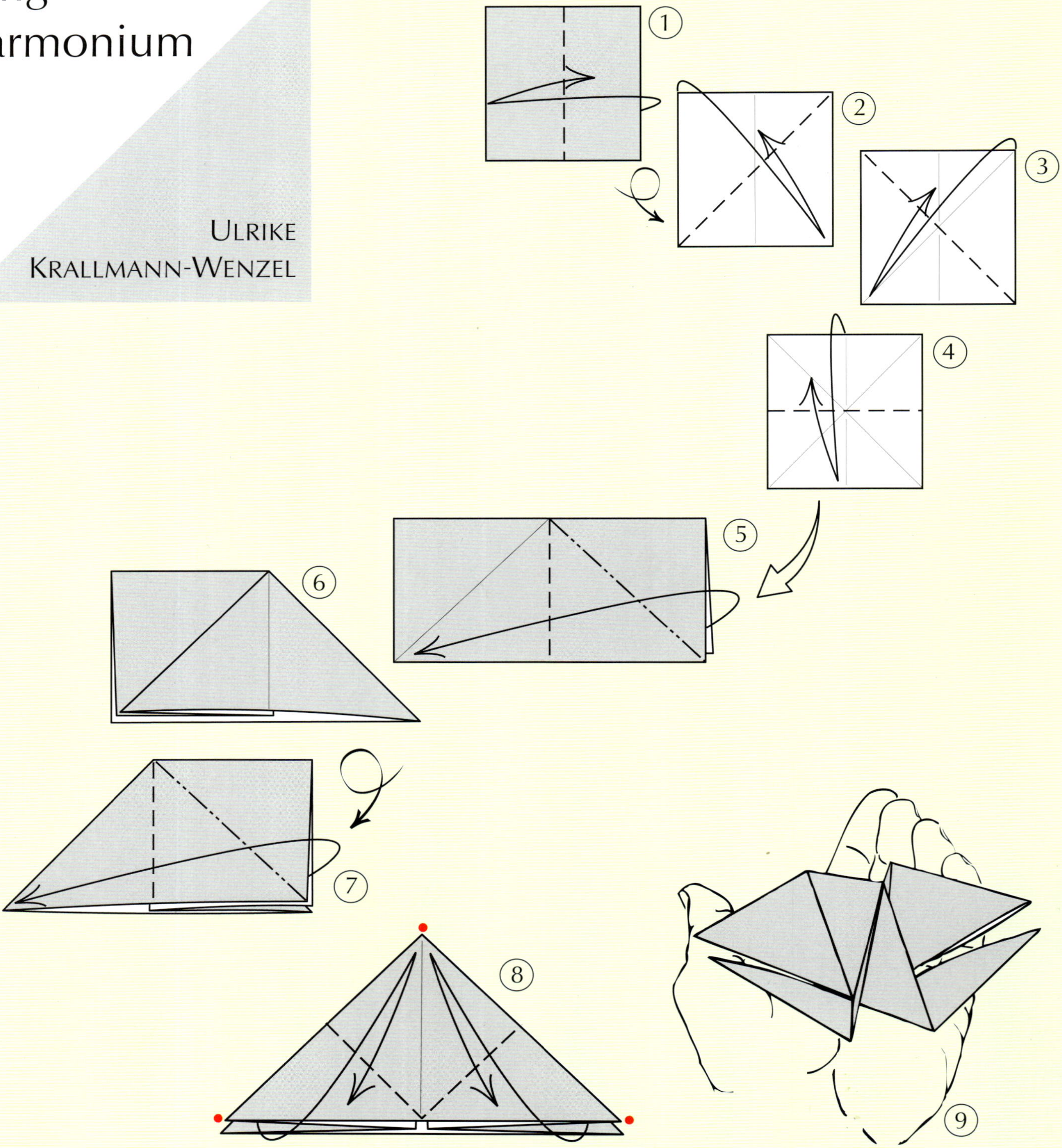

Auf der anderen Seite genauso falten.

Sechs gleiche Elemente falten.

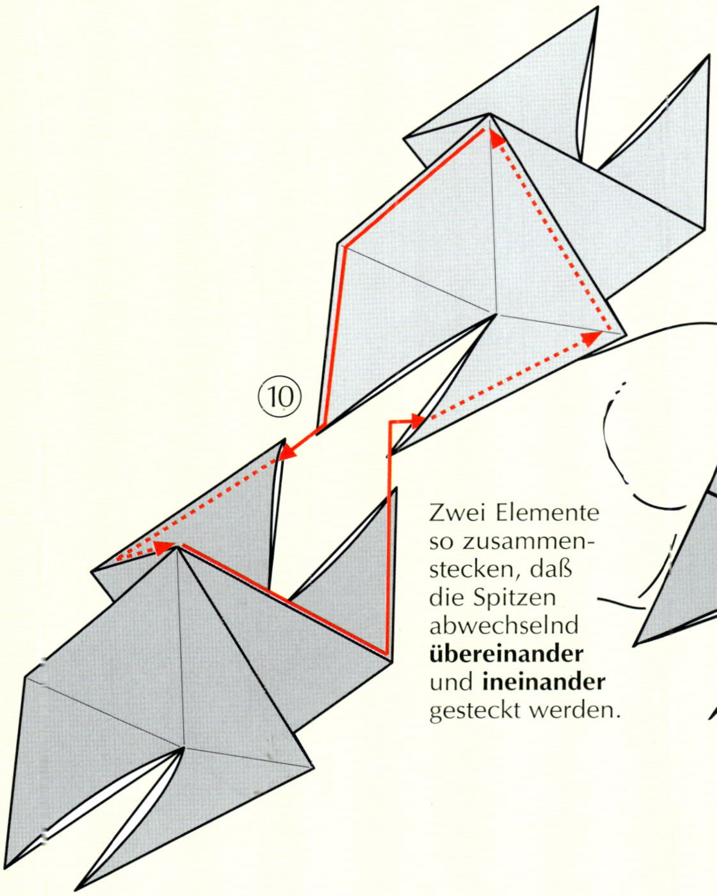

(10)

Zwei Elemente so zusammenstecken, daß die Spitzen abwechselnd **übereinander** und **ineinander** gesteckt werden.

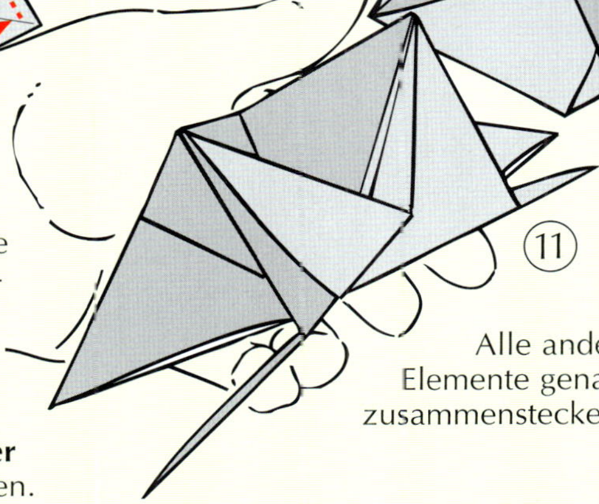

(11)

Alle anderen Elemente genauso zusammenstecken …

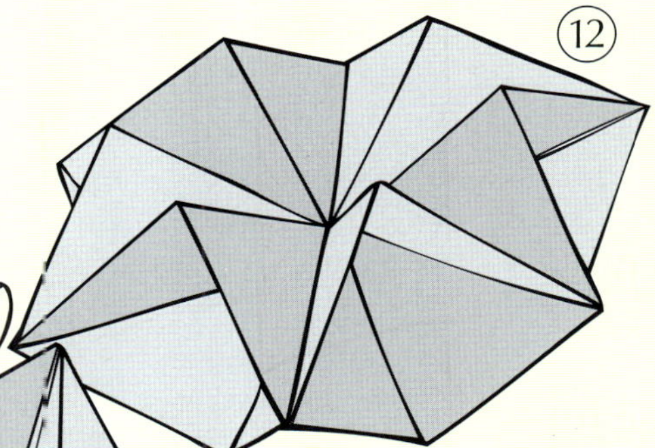

(12)

Blütenball

ROCKY JARDES

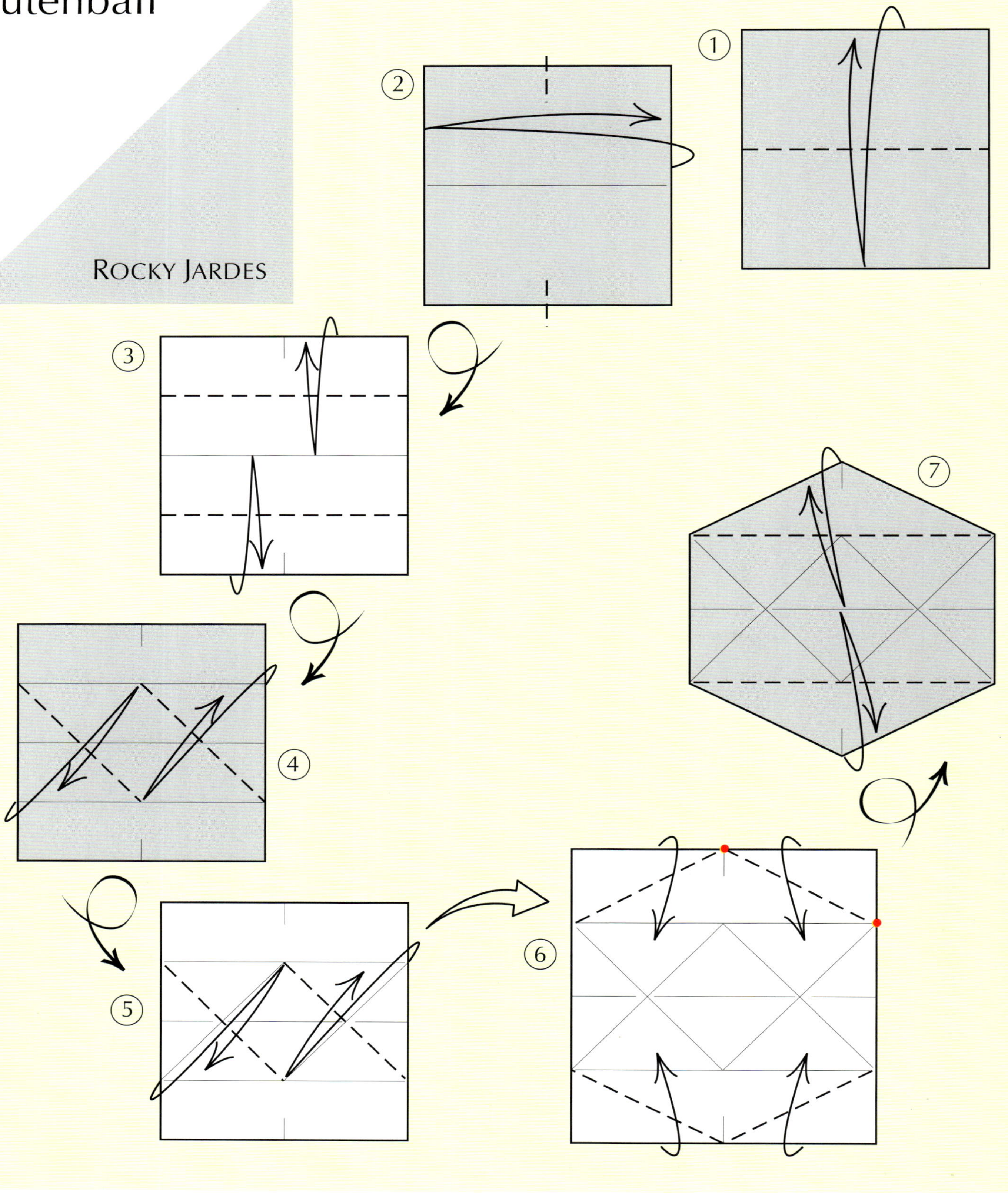

Sechs gleiche Elemente falten. ⑨

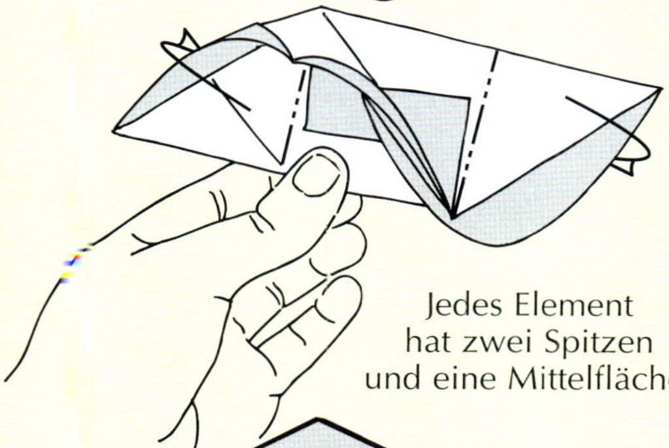

Jedes Element hat zwei Spitzen und eine Mittelfläche.

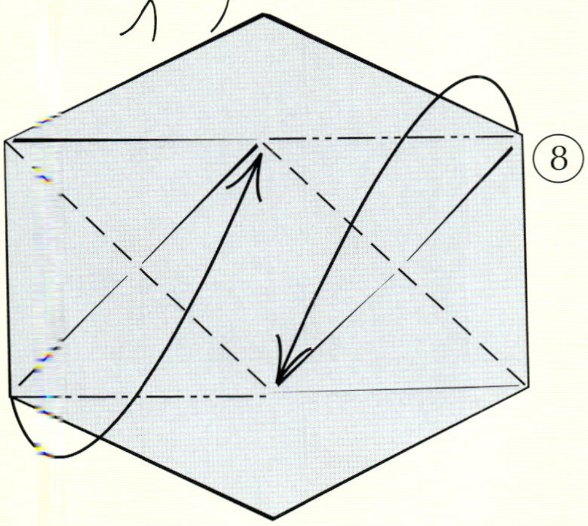

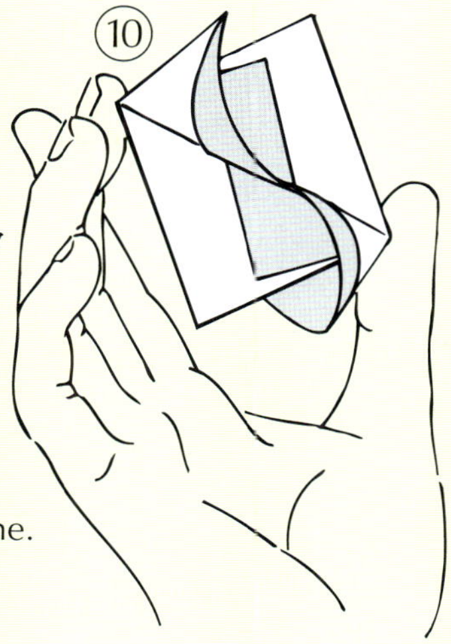

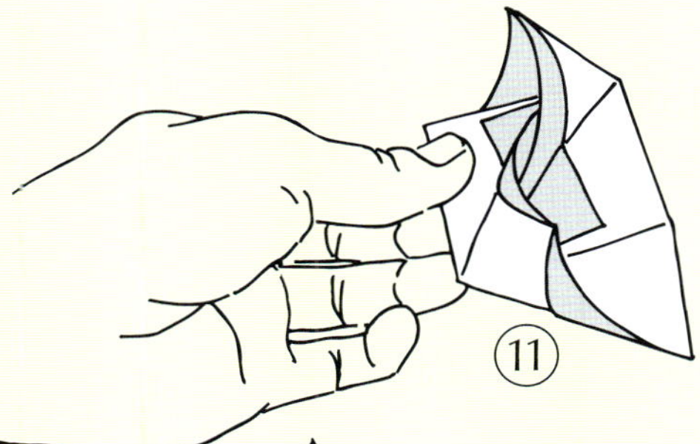

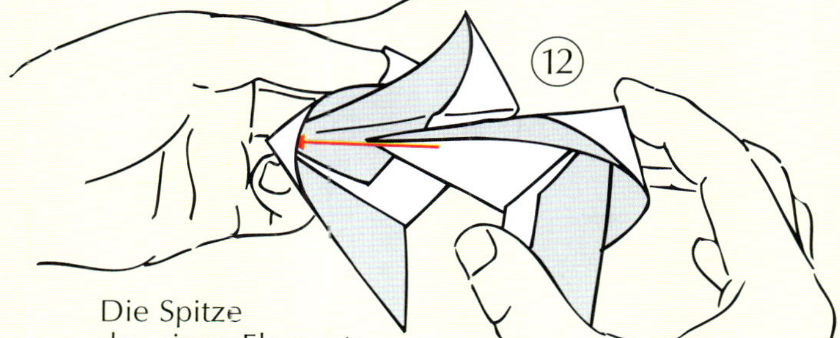

Die Spitze des einen Elements wird exakt auf die Mittelfläche eines anderen Elements aufgelegt.

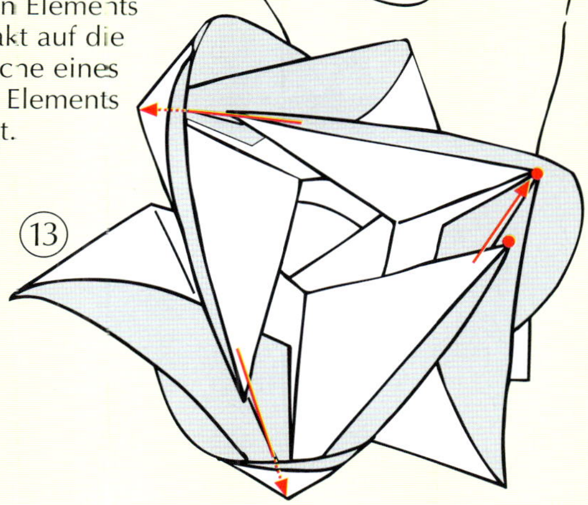

Die ersten drei Elemente werden so aufeinandergelegt. Die restlichen Elemente entsprechend ergänzen. Das Zusammenfügen erfordert etwas Geschicklichkeit und viel Geduld, weil erst durch das Einfügen des letzten Elements der notwendige Halt entsteht. Man kann auch Büroklammern zu Hilfe nehmen, um während des Zusammenfügens für den notwendigen Halt zu sorgen.

Tisch-
dekoration

Paolo Bascetta

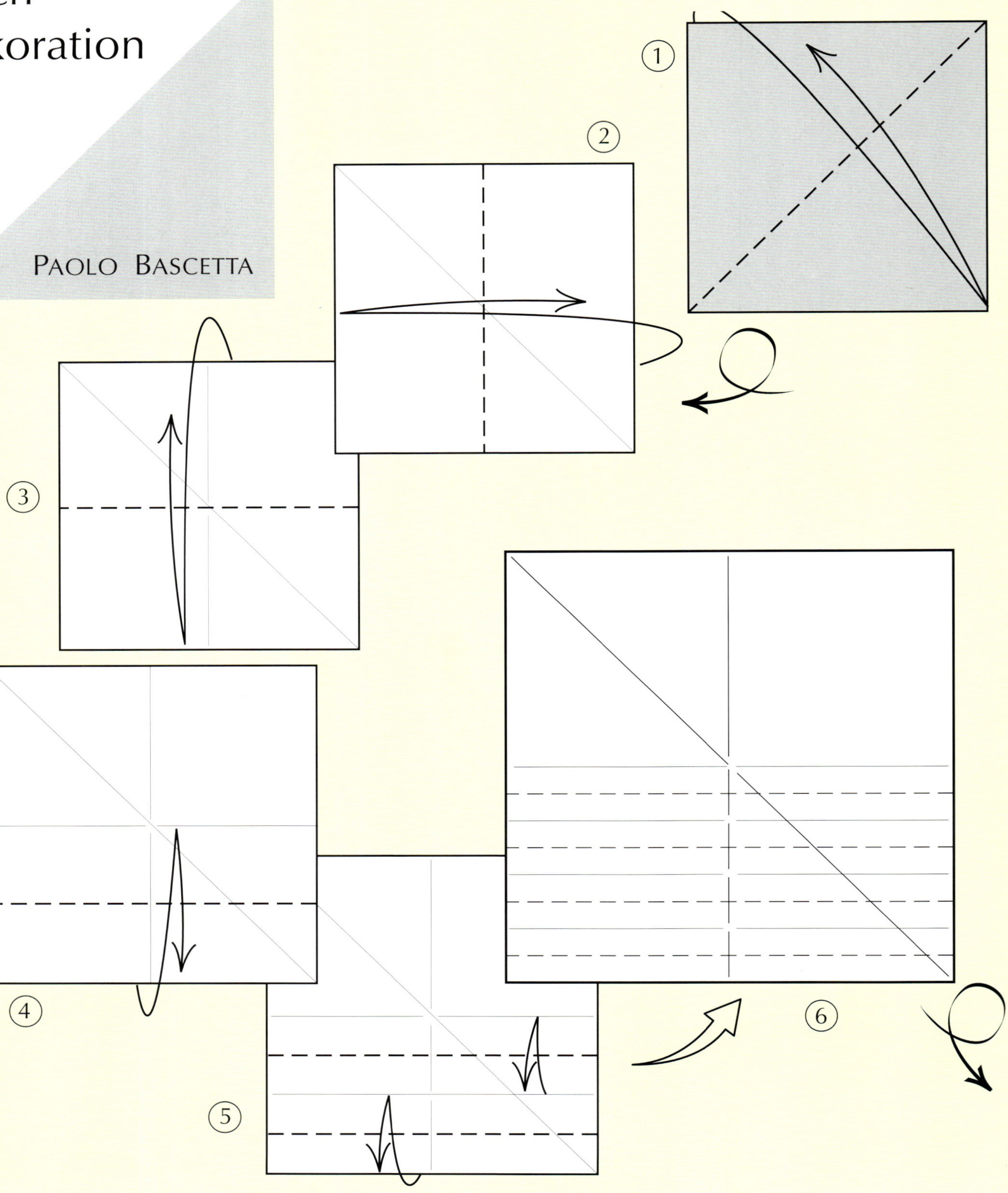

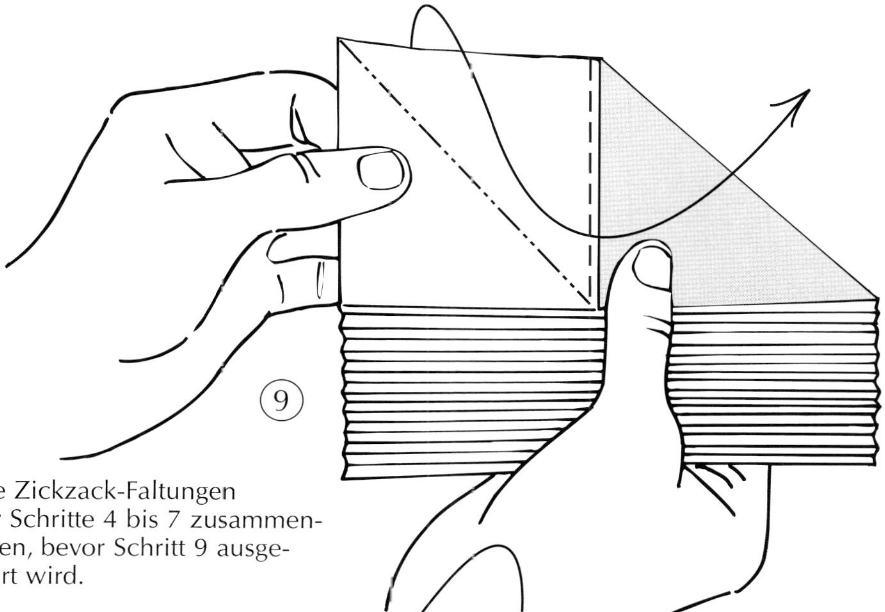

Die Zickzack-Faltungen der Schritte 4 bis 7 zusammenlegen, bevor Schritt 9 ausgeführt wird.

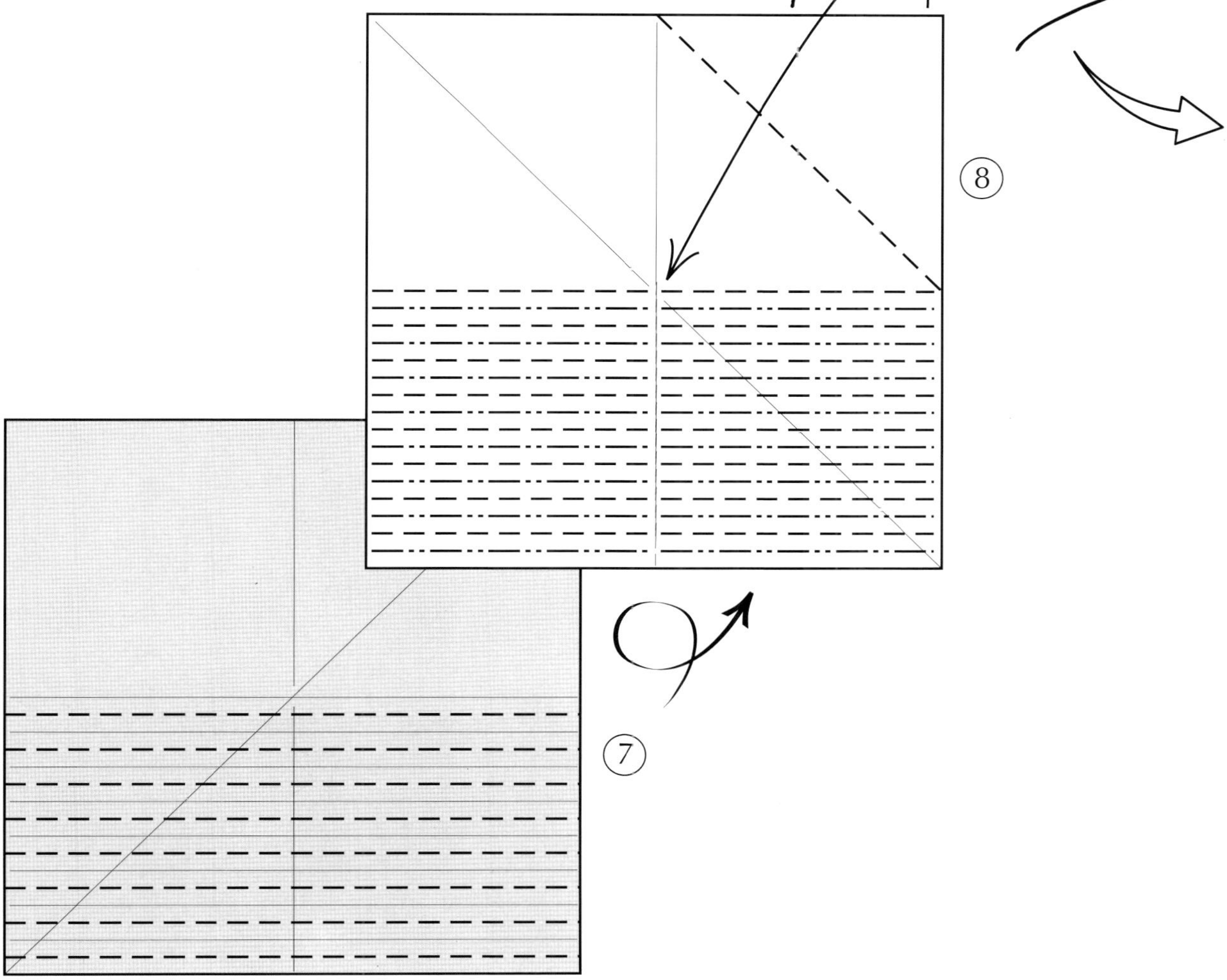

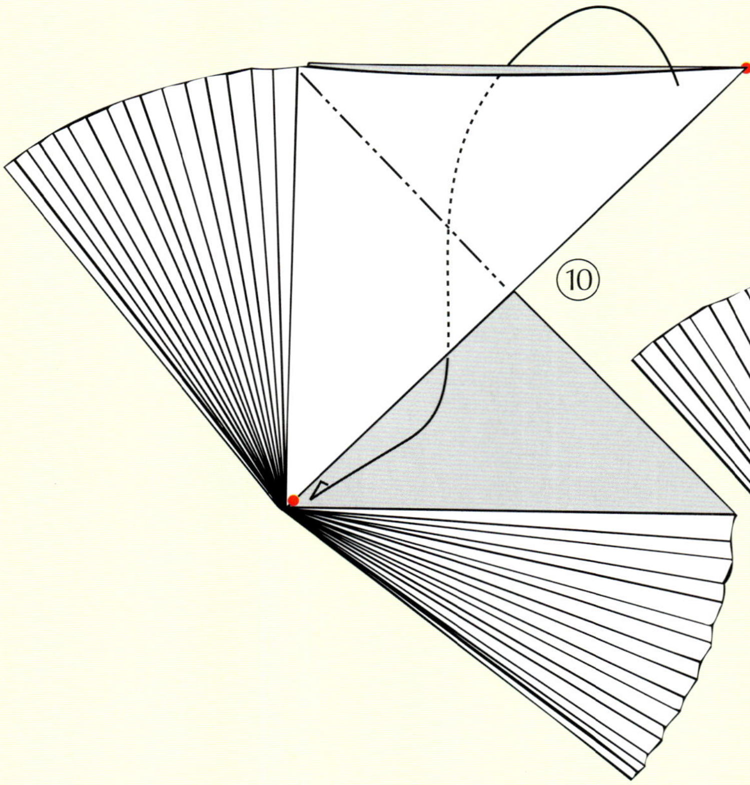
⑩

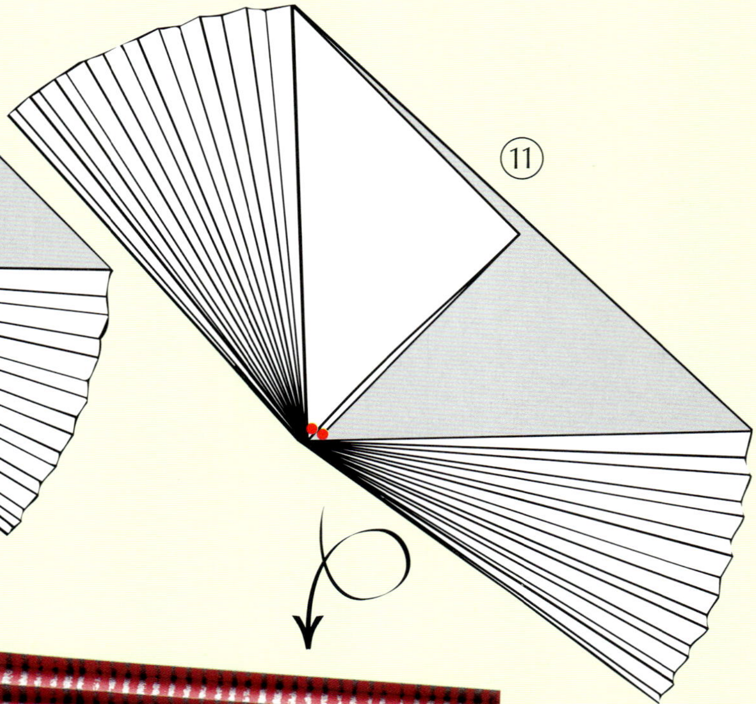
⑪

Zum Autor

Paulo Mulatinho wurde 1956 in Natal, Brasilien, geboren.
An der Pontificia Universidade Católica in Rio de Janeiro studierte er Grafik- und Industriedesign.
Seit 1985 lebt er in Freising bei München.
Er ist Gründungspräsident von Origami Deutschland – Verein zur Förderung des Papierfaltens e.V. und war acht Jahre lang verantwortlicher Redakteur der Vereinszeitschrift »der falter«.
Für sein Engagement zur Verbreitung des Origami erhielt Mulatinho 1990 den Kultur-Förderpreis des Landkreises Freising.

Kontakte

Origami-Vereine gibt es in fast allen europäischen Ländern, ebenso in Japan und in den USA.
Diese Organisationen verteilen Informationsmaterial, geben Hinweise über Bezugsquellen von Origami-Fachliteratur und Papier und vermitteln Kontakte.
Sie veranstalten Falter-Treffen und geben Zeitschriften heraus.

Deutschland
Origami Deutschland
Postfach 1630
85316 Freising

Die Modelle in diesem Buch stammen von verschiedenen Autoren aus unterschiedlichen Ländern: England, Italien, Österreich, USA und Deutschland.

Meine Bewunderung und mein Dank gilt den Autoren, die mir die freundliche Genehmigung zur Veröffentlichung ihrer Modelle in diesem Buch gegeben haben.

Die Deutsche Bibliothek –
CIP-Einheitsaufnahme

Origami – neue Ideen : mit
Faltanleitungen / Paulo Mulatinho. –
Augsburg : Augustus-Verl., 1998
ISBN 3-8043-0411-7

Die im Buch veröffentlichten Ratschläge wurden von Verfasser und Verlag sorgfältig erarbeitet und geprüft. Eine Garantie kann jedoch nicht übernommen werden. Ebenso ist eine Haftung des Verfassers bzw. des Verlages und seiner Beauftragten für Personen-, Sach- und Vermögensschäden ausgeschlossen.

Fotografie: Klaus Lipa, Augsburg
Umschlaggestaltung: Christa Manner, München
Lektorat: Andrea Müh
Layout: Paulo Mulatinho, Freising und
Michael Stiehl, Leipzig

AUGUSTUS VERLAG, AUGSBURG 1998

Reproduktion: Kaltner Media GmbH, Bobingen
Druck und Bindung: Appl, Wemding
Gedruckt auf 135 g umweltfreundlich elementar chlorfrei gebleichtem Papier

ISBN 3-8043-0411-7
Printed in Germany

Bildnachweis

Seite 8 oben:
Origami ist eng verbunden mit der japanischen Kultur. Origami wird in Japan im Kindergarten, an der Schule und sogar an der Hochschule gelehrt. Und in den zahlreichen Tempeln des Landes sieht man immer wieder die »Tausend Kraniche«, die von den Japanern als Hoffnungsträger für Gesundheit und ewiges Leben betrachtet werden.

Seite 8 unten:
Das Fröbel-Museum in Bad Blankenburg, wo Friedrich Wilhelm August Fröbel 1840 den ersten Kindergarten gründete, läßt ahnen, wie groß das Vermächtnis Fröbels für das Papierfalten war.
Die Bildcollage zeigt Ausstellungsstücke des Museums: »Himmel und Hölle«, eine der bekanntesten Faltungen der Welt; Fröbels Patenbrief; Porträt Fröbels aus dem Nachlaß von Prof. Dr. Wächter, Keilhau.

Seite 9 oben:
Prof. Koryu Miura entwickelte im Raumfahrtforschungsinstitut in Sagamihara/Japan eine geniale Faltmethode für Satellitensegel, die mit Solarzellen ausgestattet sind. In der Origami-Welt ist dieses Faltprinzip als »Miura Map« verbreitet und wird gern zur Faltung von Landkarten oder Plänen verwendet. Das Bild zeigt eine Collage mit Papierversuchen und Zeichnungen aus dem Labor von Prof. Miura.

Seite 10:
Im April 1990 hatte ich Gelegenheit, Lillian Oppenheimer (1898–1992) in New York zu besuchen. Sie war eine bewundernswerte Frau – schön, intelligent, charmant und bescheiden. Ich lauschte jedem ihrer Worte. Wer fast ein Jahrhundert gelebt hat, hat viel zu erzählen. Nicht nur übers Papierfalten ...
Foto: Silke Schröder